ALFRED RUSSEL WALLACE
(1823-1913)

Biogeografía y evolución
Biogeography and Evolution

MUSEO NACIONAL DE CIENCIAS NATURALES

Noviembre/November 2023 - Agosto/August 2024

Alfred Russel Wallace (1823-1913).
Biogeografía y evolución / Biogeography and Evolution

EXPOSICIÓN / EXHIBITION

Organiza / Organization
Museo Nacional de Ciencias Naturales (CSIC)

Vicedirector de Exposiciiones / Deputy Director of Exhibitions
Borja Milá

Comisarios / Curators
Soraya Peña de Camus
Borja Milá

Asesores científicos / Scientific Advisors
José Fonfría
George Beccaloni
Joaquín Hortal

Coordinación general / General Coordination
Soraya Peña de Camus

Diseño gráfico / Graphic Design
Alfonso Nombela

Colecciones y Documentación MNCN / Collections and Documentation
Ángel Garvía, Mamíferos / Mammals
Diana Ríos, Aves / Birds
Mercedes París y Amparo Blay, Entomología / Entomology
Gema Solís, Ictiología / Ichthyology
Francisco Javier de Andrés, Malacología / Malacology
Marta Calvo, Herpetología / Herpetology
Marta Onrubia y Leticia García, Instrumentos Científicos Históricos y Bellas Artes / Scientific Instruments and Fine Arts
Mónica Vergés y Pilar Rodríguez, Archivo / Archive
Isabel Morón e Ignacio Pino, Biblioteca / Library

Restauración / Restoration
Rita Gil Macarrón
Natalia Villota

Comunicación / Comunication
Xiomara Cantera
Pilar López
Azucena López

Instituciones y particulares que han cedido obras e imágenes para la exposición / Institutions and people who loaned pieces and images for the exhibtion
Pablo Echevarría
Museo Nacional de Antropología
Real Jardín Botánico
Residencia de Estudiantes
George Beccaloni/The Alfred Russel Wallace Memorial Fund
Oxford University Museum of Natural History
Natural History Museum, London
Cornell Lab of Ornithology
Levon Biss
Rafael Zardoya

Sala inmersiva / Immersive Room
Dirección / Direction: Javier Trueba
Imágenes / Images: Javier Trueva, Tim Laman
Sonido / Sound: Carlos de Hita

Audiovisual / Audiovisual MNCN
Dirección / Direction: Gabriela Villecco
Producción / Production: Fundación "la Caixa"

Fotógrafo / Photographer
José Mª Cazcarra

Montaje / Installation
Dime
Servicios de Mantenimiento MNCN
Óscar Ramos-Lugo

Iluminación / Lighting
Servicio de Mantenimiento MNCN

Producción gráfica / Graphic Production
Boomerang Graphics

Servicios Generales MNCN / General Services MNCN
Martina Gallo
Munther Riziq

Sociedad de Amigos del MNCN
Josefina Cabarga

Agradecimientos / Acknowledgments
Jason Ali
Patricia Alonso
Miguel Ángel Alonso Zarazaga
Pedro Arsuaga
Antonio Cobos Sánchez
Juan Ignacio Entrecanales
Emilio Esteban Vallejo
Javier Fernández
Juan Antonio Fernández Santarén
Esther García
Eva García
Erik de Giles
Victoria González Cascón
Genoveva González Mirelis
Javier Hidalgo
James Hogan
Adam Lowe
Leopoldo Medina
Juan Ramón Medina Precioso
Clara Moreno
Gloria Pérez de Rada
Francisco Piñas Rubio
José Antonio Rodríguez Esteban
Cristina Ronquillo
Adrián Sánchez
Alberto del Saz Fucho
Zoe Simmons
Antonio Vives Moreno
Rafael Zardoya

CATÁLOGO / CATALOGUE

Edición / Publishing Edition
Soraya Peña de Camus Sáez

Textos / Texts
Soraya Peña de Camus Sáez
Borja Milá
Joaquín Hortal

Diseño gráfico y maquetación / Graphic Design and Layout
Doce Calles Servicios Gráficos

Producción editorial / Editorial Production
Doce Calles Servicios Gráficos

Diseño cubierta /Cover Design
Alfonso Nombela

Imagen cubierta / Cover Images
George Beccaloni/The Alfred Russel Wallace Memorial Fund

ISBN Doce Calles: 978-84-9744-
Depósito legal: M-16205-2024

Con la colaboración de la Sociedad de Amigos del Museo Nacional de Ciencias Naturales / With the collaboration of the Sociedad de Amigos del Museo Nacional de Ciencias Naturales.

ALFRED RUSSEL WALLACE (1823-1913)

Biogeografía y evolución

Biogeography and Evolution

Retrato al óleo de Wallace realizado por Victor Evstaf'ev /
Portrait in oils by Victor Evstaf'ev of Wallace.

ÍNDICE / INDEX

PRESENTACIÓN / INTRODUCTION

El Museo Nacional de Ciencias Naturales dedica esta exposición al naturalista Alfred Russel Wallace (1823-1913), para conmemorar el bicentenario de su nacimiento.

Wallace fue un eminente naturalista, un avezado explorador, un científico creativo, y un prolífico escritor en temas muy diversos. Sus principales contribuciones a la ciencia incluyen no sólo la descripción de nuevas especies de insectos y aves, sino también establecer las bases teóricas para comprender la distribución geográfica de las especies y la evolución de los seres vivos. Actualmente es considerado el padre de la biogeografía como ciencia, y codescubridor con Charles Darwin de la teoría de la evolución a través de la selección natural.

Aunque su imagen ha sido en parte ensombrecida por la omnipresente figura de Darwin, Wallace fue uno de los principales científicos del siglo XIX. Con esta muestra se pretende dar a conocer su importante legado y restablecer su relevante posición como científico, así como su determinante papel a la hora de promulgar la teoría evolutiva, concepto unificador de la biología que cambiaría nuestra forma de ver la vida en el planeta y nuestro lugar en el universo.

The National Museum of Natural Sciences dedicates this exhibition to the naturalist Alfred Russel Wallace (1823-1913) to commemorate the bicentennial of his birth.

Wallace was an eminent naturalist, a seasoned explorer, a creative scientist, and a prolific writer on a wide range of topics. His primary contributions to science include not only the description of new species of insects and birds but also establishing the theoretical foundations for understanding the geographical distribution of species and the evolution of living organisms. He is currently considered the father of modern biogeography as a science and a co-discoverer with Charles Darwin of the theory of evolution through natural selection.

Although his figure has been somewhat overshadowed by the ubiquitous figure of Darwin, Wallace was one of the leading scientists of the 19th century. The aim of this exhibition is to showcase his significant legacy and reaffirm his relevant position as a scientist, as well as his pivotal role in promoting the evolutionary theory, a unifying concept in biology that would change our way of viewing life on Earth and our place in the universe.

Monos del Amazonas/ Monkeys of the Amazon
Colección de Mamíferos MNCN

La exposición presenta las aportaciones científicas de Wallace, plasmadas a través de sus publicaciones y dibujos, y de ejemplares de insectos colectados por él mismo y cedidos para esta ocasión por el Museo de Historia Natural de la Universidad de Oxford. Durante el recorrido también se pueden apreciar imágenes de gran tamaño de algunas de las especies estudiadas por Wallace como los orangutanes, las aves del paraíso o las ranas voladoras fotografiadas por Tim Laman, así como de escenas dibujadas por Wallace y otros autores de los paisajes y la vida cotidiana de las localidades que visitó durante sus viajes. Igualmente se exhiben en gran número ejemplares de las colecciones del Museo donde se conservan muchas especies descritas o dedicadas a Wallace. Algunos de estos especímenes proceden de expediciones españolas como por ejemplo la Expedición al Pacífico (1862-1866) que también recorrió el Amazonas poco después de Wallace. Para la exposición hemos seleccionado fundamentalmente primates, tanto los ejemplares naturalizados como dibujos, en homenaje al protagonista de la exposición que también dedicó especial atención a estas especies y a su distribución como quedó reflejado en su artículo *On the Monkeys of The Amazon* (1852).

Del archipiélago malayo cabe señalar algunos ejemplares espectaculares, que nunca antes habían sido expuestos en el Museo, como la piel de serpiente pitón de más de 5 metros que se encuentra en diálogo con el dibujo de Alfred *Expulsando a un intruso* que representa a una pitón saliendo de una casa, y está publicado en *El archipiélago malayo*. En cuanto a las aves su representación es muy numerosa, pero sobresalen las aves del paraíso en diálogo con las ilustraciones que realizó el propio Wallace y con las maravillosas láminas que se conservan en el Archivo histórico del Museo. Por supuesto hay también una selección de ejemplares de la colección de entomología, fundamentalmente escarabajos y mariposas, que incluye la que hizo temblar de emoción a Wallace, *Ornithoptera croesus*.

También hay información sobre las plantas que describió y estudió, entre las que destacan las palmeras de la Amazonía a las que dedicó su primer libro científico *Palm trees of the Amazon and their uses* (1853). En la muestra están representadas por láminas realizadas con motivo de las expediciones españolas de Ruiz y Pavón al Virreinato del Perú (1777-1788) y de Celestino Mutis al Nuevo Reino de Granada (1783-1808). Otros dibujos procedentes de las expediciones de Francisco Javier Balmis (1805-1808) y de Juan de Cuéllar, naturalista de la Real Compañía de Filipinas, muestran especies o géneros de plantas registrados por Wallace en su libro *El archipiélago malayo*. Todos ellos proceden del archivo del Real Jardín Botánico de donde también proviene el pliego de herbario correspondiente a la palmera *Euterpe catinga*, descrita para la ciencia por Alfred R. Wallace.

Wallace igualmente se interesó por las poblaciones humanas nativas del Amazonas y el archipiélago malayo. Culturas que en la exposición están representadas a través de sus dibujos y de objetos de la vida cotidiana, así como ornamentos y armas. En la muestra se encuentran los cedidos por del Museo Nacional de Antropología.

Una sala inmersiva permite al visitante sumergirse en una selva tropical del archipiélago malayo y contemplar espectaculares imágenes de las especies que observó Wallace como las aves del paraíso que despliegan sugerentes y elaborados cortejos.

El audiovisual *La línea de Wallace* al final de la muestra es una recopilación de lo expuesto que permite al visitante reflexionar tanto sobre lo que ha visto, como sobre la figura científica de Wallace.

In the exhibition, alongside Wallace's scientific contributions reflected through his publications and drawings, visitors can see specimens collected by Wallace himself, loaned for this occasion by the Natural History Museum of the University of Oxford. Throughout the tour, large-scale images of some of the species studied by Wallace such as orangutans, birds of paradise, or flying frogs photographed by Tim Laman can also be appreciated, along with scenes drawn by him and other authors depicting landscapes and daily life of the localities he visited during his travels. Additionally, a large number of specimens from the Museum's collections where many species described or dedicated to Wallace are conserved, can be seen at the exhibition. Some of these specimens come from Spanish expeditions, such as the Pacific Expedition (1862-1866), which also traversed the Amazon shortly after Wallace. For this occasion, we have primarily selected primates, including both naturalized specimens and drawings, in homage to the protagonist of the exhibition who also paid special attention to these species and their distribution, as reflected in his article *On the Monkeys of The Amazon* (1852).

From the Malay Archipelago, it is worth noting some spectacular specimens that have never before been exhibited in the Museum, such as the skin of a python over 5 meters long, which is in dialogue with Alfred's drawing *Expelling an Intruder* representing a python emerging from a house, as published in *The Malay Archipelago*. As for birds, their representation is abundant, but birds of paradise stand out, in dialogue with Wallace's own illustrations and the wonderful plates preserved in the Museum's historical archive. Of course, there is also a selection of specimens from the entomology collection, primarily beetles and butterflies, including the *Ornithoptera croesus* which thrilled Wallace.

Information is also provided about the plants he described and studied, among which Amazonian palms stand out, to which he dedicated his first scientific book *Palm Trees of the Amazon and Their Uses* (1853). These are represented in the exhibition by plates made during the Spanish expeditions of Ruiz and Pavón to the Virreinato del Perú (1777-1788) and Celestino Mutis to the Nuevo Reino de Granada (1783-1808). Other drawings from the expeditions of Francisco Javier Balmis (1805-1808) and Juan de Cuéllar, a naturalist of the la Real Compañía de Filipinas, show species or genera of plants recorded by Wallace in his book *The Malay Archipelago*. All of these come from the archives of the Real Jardín Botánico, including the herbarium sheet corresponding to the *Euterpe catinga* palm, described for science by Alfred R. Wallace.

Wallace was also interested in the native human populations of the Amazon and the Malay Archipelago. These cultures are represented in the exhibition through his drawings and objects of daily life, as well as ornaments and weapons. Items loaned by the National Museum of Anthropology are displayed in the exhibition.

An immersive room allows the visitors to immerse themselves in a tropical jungle of the Malay Archipelago and contemplate spectacular images of the species observed by Wallace, such as the birds of paradise that display suggestive and elaborate courtship displays.

The audiovisual *The Wallace Line* at the end, is a compilation of the exhibition that allows visitors to reflect on what they have seen, as well as on Wallace's scientific figure.

Wallace y Darwin: un afortunado encuentro

En 1858, desde la remota isla de Ternate en el archipiélago malayo, el joven Wallace envió al ya encumbrado científico Charles Darwin, un escrito con su teoría acerca de la evolución de los seres vivos por selección natural. Darwin llevaba más de 20 años preparando una obra de varios tomos para dar a conocer su propia teoría, similar a la que Wallace describía en unas pocas páginas. La carta de Wallace fue determinante para que el ilustre naturalista se decidiera por fin a publicar su teoría, y las ideas de ambos científicos fueron presentadas en la Linnean Society de Londres ese mismo año. Pocos meses más tarde, en 1859, Darwin publicó su famoso libro *El origen de las especies por medio de la selección natural.*

La interacción entre Wallace y Darwin condujo a la difusión de la teoría de la evolución biológica por selección natural concebida por ambos científicos de forma independiente. Sin embargo, sus trayectorias profesionales y personales fueron muy distintas.

Wallace and Darwin: a fortunate encounter

In 1858, from the remote island of Ternate in the Malay Archipelago, the young Alfred R. Wallace sent an essay on his theory of the evolution of living beings through natural selection to the already famous scientist Charles Darwin. Darwin had been preparing a multi-volume work for over 20 years to present his own theory, which was similar to what Wallace described in a few pages. Wallace's letter was decisive in convincing the illustrious naturalist to finally publish his theory, and the ideas of both scientists were presented at the Linnean Society of London that same year. A few months later, in 1859, Darwin published his famous book *On the Origin of Species by Means of Natural Selection.*

The interaction between Wallace and Darwin led to the dissemination of the theory of biological evolution through natural selection, conceived independently by both scientists. However, their professional and personal paths were quite different.

Alfred Russel Wallace, c. 1895

Alfred R. Wallace (1823-1913)

Mary Anne y Thomas Vere Wallace, padres de Alfred / Mary Anne and Thomas Vere Wallace, Alfred's parents

— Nació en Usk, Gales, en una familia inglesa y con linaje paterno de origen escocés (al que perteneció William Wallace, líder escocés de la rebelión contra la invasión inglesa a finales del siglo XIII). Alfred fue el octavo de los nueve hijos de un abogado que nunca llegó a ejercer, y cuya familia vivió de la herencia familiar hasta que la llegada de los sucesivos hijos y la mala gestión acabaron con ella.

— Debido al empeoramiento de la situación económica de su familia, Wallace dejó sus estudios a los trece años para ponerse a trabajar, desempeñándose como ayudante de su hermano mayor William, que era agrimensor. De esta manera, viajando por Inglaterra y Gales, comenzó su contacto y afición por el medio natural, la geografía y los mapas.

— Su formación en las ciencias naturales fue autodidacta, y se inició por su pasión por la geología, la botánica y la entomología. Junto a su amigo Henry Walter Bates, también un ávido entomólogo, recorrían la campiña inglesa colectando e intercambiando escarabajos, mariposas, y otros insectos.

— Impartió clases de dibujo, cartografía y agrimensura en el *Collegiate School* de Leicester. En su biblioteca leyó cautivado en 1845 *Vestigios de la Historia Natural de la Creación* publicada anónimamente por Robert Chambers. A través de esta obra entró en contacto con la idea de que los seres vivos proceden de formas más primitivas.

— Alfred R. Wallace (1823-1913) was born in Usk, Wales, into an English family with Scottish paternal ancestry (which included William Wallace, the Scottish leader of the late 13th-century rebellion against the English invasion). Alfred was the eighth of nine children of a lawyer who never practiced law, and whose family lived off an inheritance until successive children and financial mismanagement depleted it.

— Due to his family's worsening financial situation, Wallace left school at the age of thirteen to earn a living, initially as an assistant to his older brother William, who was a land surveyor. This led him to travel around England and Wales, deepening his interest in the natural world, geography, and maps.

— His education in the natural sciences was self-taught and began with his passion for geology, botany, and entomology. Alongside his friend Henry Walter Bates, also an avid entomologist, they roamed the English countryside, collecting and exchanging beetles, butterflies, and other insects.

— He taught drawing, cartography, and surveying at the Collegiate School in Leicester. In 1845, he came across *Vestiges of the Natural History of Creation*, anonymously published by Robert Chambers, and was captivated by the idea that living beings originated from more primitive forms.

Wallace en 1847 / Wallace in 1847

Cámara fotográfica de fuelle. Madera, latón y cristal. Constructor: Hermagis (Objetivo). Siglo XIX / Folding camera. Wood, brass, glass Manufacturer: Hermagis (Lens)
Colección Instrumentos Científicos MNCN.ICH.0339

– Wallace se financió él mismo sus viajes al Amazonas (1848-1852) y al archipiélago malayo (1854-1862) colectando ejemplares de distintas especies que enviaba y vendía posteriormente en Londres.

– En 1855 publica su artículo *Sobre la ley que ha regulado la introducción de nuevas especies*, conocido como el "artículo de Sarawak", lugar donde lo escribió, y en el que utiliza sus observaciones biogeográficas para proponer que las especies descienden de otras especies preexistentes, próximas en el tiempo y el espacio. Wallace tenía el *dónde* y el *cuándo*, pero le faltaba el *cómo*.

– En 1858, desde la isla de Ternate, Wallace envió a Darwin un manuscrito en el que explicaba su idea de la evolución a través de la selección natural. Ese mismo año blican conjuntamente en el *Journal of the Proceedings of the Linnean Society of London* su artículo y otros dos documentos de Darwin sobre la evolución de las especies, bajo el título *Sobre la tendencia de las variedades a divergir indefinidamente del tipo original*.

– Wallace fue un autor prolífico y reconocido; publicó 22 libros y más de 700 artículos. En 1889, publicó su libro *Darwinism*, una obra donde explicaba su teoría de la evolución a través de la selección natural y a la vez rendía homenaje y reconocía la preeminencia de Darwin en ese ámbito.

– Wallace funded his own expeditions to the Amazon (1848-1852) and the Malay Archipelago (1854-1862) by collecting specimens of various species that he would sell to collectors in London.

– In 1855, he published his article *On the Law Which Has Regulated the Introduction of New Species*, known as the "Sarawak Paper," named after the place where he wrote it. In it, he used his biogeographical observations to propose that species descend from pre-existing species, closely related in time and space. Wallace had the "where" and "when," but he lacked the "how."

– In 1858, from the island of Ternate, he sent Darwin a manuscript explaining his idea of evolution through natural selection. That same year, they jointly published their articles in the Journal of the Proceedings of the Linnean Society of London, along with two other documents by Darwin on the evolution of species, under the title *On the Tendency of Varieties to Depart Indefinitely From the Original Type*.

A. R. Wallace, su hermana y su madre en 1853 a partir de una impresión propiedad de la familia Wallace / A. R. Wallace, his sister and mother in 1853 from print owned by Wallace Family

Alfred R. Wallace (1823-1913)

Casa de Wallace en Waigeo / Wallace's home in Waigiu

– Wallace was a prolific and recognized author, publishing 22 books and over 700 articles. In 1889, he published his book Darwinism, in which he explained his theory of evolution through natural selection while also paying tribute to Darwin and acknowledging his preeminence in that field.

El naturalista inglés Alfred Russel Wallace /British naturalist Alfred Russel Wallace, National Portrait Gallery, Londres

Old Orchard, casa de Wallace, Broadstone, Dorset en 1909 por Alfred R. Wallace Memorial Fund /
Old Orchard, Wallace's house, Broadstone, Dorset in 1909 by Alfred R. Wallace Memorial Fund

Charles Darwin (1809-1882)

Charles Darwin, 1875.

HMS Beagle en el paso por el estrecho de Magallanes. Reproducción de la ilustración de R. T. Pritchett (1890).
HMS Beagle in the strait of Magellan. Illustration by R. T. Pritchett

– Procedía de una familia acomodada, hijo de un reputado médico.

– Estudió medicina en la Universidad de Edimburgo y teología en la Universidad de Cambridge donde de la mano de su profesor J. S. Henslow (1796-1861) comenzó a estudiar ciencias naturales, su verdadera pasión.

– A los 22 años, financiado por su padre, se incorporó como ayudante en el bergantín *HMS Beagle* desde el que viajó alrededor del mundo entre 1831 y 1836. En 1839 publicó *El viaje del Beagle* relatando sus hallazgos y aventuras.

– Las observaciones y colecciones de historia natural realizadas a lo largo del viaje fueron cruciales para elaborar su teoría de la evolución a través de la selección natural. Su abuelo paterno Erasmus Darwin (1731-1802) ya había defendido anteriormente la evolución de las especies, aunque sin proponer un mecanismo.

– En 1858 llevaba 20 años describiendo todas las pruebas que había recopilado a lo largo de su vida para publicar una magna e irrefutable obra que explicase la evolución a través del mecanismo de la selección natural. Además, otros estudios biológicos y geológicos le habían granjeado gran fama como científico.

– En 1859 publicó su obra magna *El origen de las especies*, meses después de recibir un artículo de Wallace en el que resumía su teoría sobre la evolución de las especies.

– Charles Darwin (1809-1882) came from an affluent family, the son of a renowned English physician.

– He studied medicine at the University of Edinburgh and later theology at the University of Cambridge, where, under the guidance of his professor J. S. Henslow (1796-1861), he began to study natural sciences, his true passion.

– At the age of 22, supported by his father, he joined the HMS Beagle as an assistant, embarking on a journey around the world from 1831 to 1836. In 1839, he published *The Voyage of the Beagle*, recounting his findings and adventures.

– The observations and natural history collections made during the journey were crucial in developing his theory of evolution through natural selection. His grandfather, Erasmus Darwin (1731-1802), had previously advocated for species evolution, but without proposing a mechanism.

– In 1858, he had spent 20 years compiling all the evidence he had gathered throughout his life to publish a comprehensive and irrefutable work explaining evolution through the mechanism of natural selection. His other biological and geological studies had already earned him great fame as a scientist.

– In 1859, he published his magnum opus, *On the Origin of Species*, shortly after receiving an article from Wallace summarizing his theory of species evolution.

Down House, casa de Darwin en Downe / Down House, Darwin's home in Downe

Los viajes de Wallace

Wallace realizó dos grandes expediciones como naturalista. El primero fue a la Amazonía, emprendido junto a su amigo Henry Walter Bates en 1848, después de leer *A Voyage up the River Amazon* (*Un viaje por el río Amazonas*) (1847) de William Henry Edwards, y del que regresó cuatro años más tarde tras una accidentada travesía atlántica en 1852. El objetivo del viaje era colectar especímenes y estudiar la evolución de los seres vivos, entonces denominada transmutación de las especies. Aunque no realizó grandes descubrimientos en este ámbito durante este primer viaje, sí que supuso una importante experiencia para su trabajo posterior en el archipiélago malayo donde transcurrió su segundo gran periplo, entre 1854 y 1862. Durante esos ocho años recorrió 14.000 millas entre las islas, colectando la impresionante cantidad de 125.660 especímenes de distintos grupos taxonómicos, principalmente insectos y aves. Fue también allí donde concibió su teoría de la evolución y desarrolló sus ideas sobre la distribución geográfica de las especies, la biogeografía, que ya había iniciado en la Amazonía.

Wallace's journeys

Wallace embarked in two major expeditions as a naturalist. The first was to the Amazon, undertaken with his friend Henry W. Bates in 1848, inspired by William Henry Edwards' *A Voyage up the River Amazon* (1847). He returned four years later after a hard and difficult return trip across the Atlantic in 1852. The objective of the journey was to collect specimens and study the evolution of living beings, then known as the transmutation of species. While he did not make significant discoveries in this field during his first trip, it was an important experience for his later work in the Malay Archipelago, where his second major journey took place from 1854 to 1862. During those eight years, he traveled 14,000 miles among the islands, collecting an impressive 125,660 specimens from various taxonomic groups, mainly insects and birds. It was also during this time that he conceived his theory of evolution and developed his ideas about the geographical distribution of species, biogeography, which he had already begun to explore in the Amazon.

Selva amazónica / Amazon jungle

El viaje a la Amazonía / The Journey to the Amazon

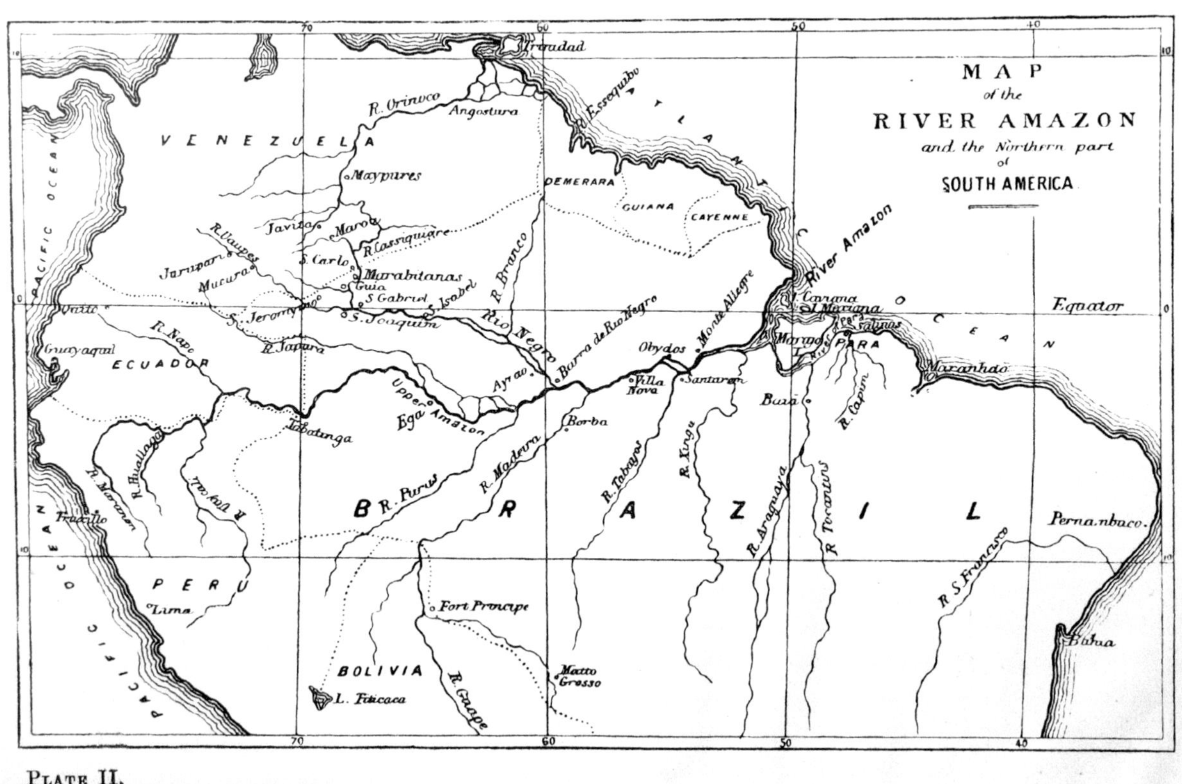

Mapa del río Amazonas y norte de Sudamérica / Map of the Amazon River and Northern part of South America

Wallace permaneció en Sudamérica cuatro años explorando los ríos Amazonas, Tocantins, Negro y Vaupés. Allí colectó miles de especímenes botánicos y zoológicos, desde insectos hasta aves, reptiles, peces y mamíferos que enviaba a su agente Samuel Stevens en Londres para su venta a museos y coleccionistas y así poder financiar sus expediciones. La experiencia amazónica le convirtió en un experto observador de la naturaleza y despertó en él la idea de no ser un simple recolector, elaborando desde aquí sus primeros artículos científicos. Además, se desempeñó como cartógrafo, realizando mapas de zonas poco o nada exploradas por viajeros europeos. En alguno de los tramos siguió rutas realizadas antes por Humboldt.

Wallace spent four years in South America, exploring the Amazon, Tocantins, Negro, and Vaupés rivers. He collected thousands of botanical and zoological specimens, ranging from insects to birds, reptiles, fish and mammals, which he sent to his agent Samuel Stevens in London for sale to museums and collectors to fund his expeditions. His experience in the Amazon turned him into a keen observer of nature and inspired him to become more than just a collector, leading to his first scientific breakthroughs. He also worked as a cartographer, creating maps of areas unexplored by European travelers. In some stretches, he followed routes previously traveled by Alexander von Humboldt.

I begin to feel rather dissatisfied with a mere local collection — little is to be learnt by it.. I sh^d like to take some one family, to study thoroughly — principally with a view to the theory of the origin of species.. By that means I am strongly of opinion that some definite results might be arrived at.. One family of moderate extent would be quite sufficient — Can you assist me in choosing one that it will be not be difficult to obtain the greater number of the known species —

I took a hasty glance for an hour at the ~~tef~~ Butterflies (they require days) — What a magnificent collection! — Mr. Doubleday pointed out to me a sp. of Papilio fr. [illegible] in wh. the crimson spots, change when viewed

En esta carta a su amigo Bates, Wallace demuestra su interés por investigar el origen de las especies un año antes de su expedición al Amazonas, a la edad de 24 años.

Comienzo a sentirme bastante insatisfecho con una mera colección local. Poco se puede aprender de ello. Me gustaría elegir una sola familia para estudiar a fondo, principalmente con miras a la teoría del origen de las especies. De esta manera, estoy convencido de que podrían obtenerse resultados definitivos.

Carta a H. W. Bates, 11 de octubre, 1847.

In this letter to his friend Bates, Wallace demonstrates his interest in investigating the question of the origin of species a year before his expedition to the Amazon, at the age of 24.

I begin to feel rather dissatisfied with a mere local collection. Little is to be learnt by it. I should like to take some one family, to study thoroughly—principally with a view to the theory fo the origin of species. By that means I am strongly of the opinion than some definite results might be arrived at.

Letter to H. W. Bates, 11 October 1847.

Estudió también las poblaciones indígenas, redactando singulares observaciones antropológicas acerca de los indios amazónicos. Sus observaciones antropológicas fueron importantes para constatar que al igual que muchas especies animales, las poblaciones humanas nativas tienen una determinada distribución geográfica debido a las barreras físicas que las separan, en este caso la enorme anchura del Amazonas.

He also studied indigenous populations, making unique anthropological observations about Amazonian indigenous peoples. His anthropological observations were important in confirming that, like many animal species, native human populations have a specific geographical distribution due to the physical barriers that separate them, among others the immense width of the Amazon River.

Alexander von Humboldt, 1843

Samuel Stevens

En el Río Negro / On the Rio Negro

Itinerario amazónico

– Wallace y su amigo el entomólogo Henry Walter Bates salieron de Liverpool en abril de 1848 y llegaron un mes después a Pará (Brasil) en la desembocadura del río Amazonas, estableciéndose posteriormente en Nazaré. Se dedicaron a recolectar especímenes, Bates enfocándose en los insectos, y Wallace además en la vegetación, interesándose por las múltiples especies de palmeras.

Capilla en Nazaré, cerca de Pará / Chapel at Nazaré, near Para

– Después remontaron el río Tocantins en busca de más ejemplares. De esta expedición surge el que sería uno de sus primeros artículos científicos, *Sobre los monos del Amazonas* (1852), publicado por la Zoological Society de Londres.

– Vuelven a Pará, desde donde realizan en septiembre de 1848 su primer envío a Samuel Stevens (1817-1899), su agente en Londres: 1.300 especies diferentes de insectos y ejemplares secos de plantas para el botánico Joseph Hooker (1817-1911).

– En 1849 Wallace y Bates separan sus caminos. Wallace explora dos afluentes del río Tocantins, el Guama y el Capim y Bates viaja por el Amazonas. El hermano de Wallace, Herbert decide acompañarle y viaja a Pará para reunirse con él. Juntos remontan el Amazonas hasta Santarem, en la desembocadura del río Tapajoz, donde entabla amistad con el botánico Richard Spruce (1817-1893), que había acudido a Brasil atraído por los primeros envíos de Wallace.

Amazon Itinerary

– Wallace and his entomologist friend Henry W. Bates departed from Liverpool in April 1848 and arrived a month later in Pará (Brazil) at the mouth of the Amazon River, where they later settled in Nazaré. They started collecting specimens, with Bates focusing on insects and Wallace also studying vegetation, particularly the numerous species of palms.

– They navigated up the Tocantins River in search of more specimens. This expedition led to one of Wallace's early scientific articles, *On the Monkeys of the Amazon* (1852), published by the Zoological Society of London.

– They returned to Pará, from where they sent their first shipment to Samuel Stevens (1817-1899), Wallace's agent in London, in September 1848. The shipment included 1,300 different species of insects and dried plant specimens for the botanist Joseph Hooker (1817-1911).

Henry Walter Bates

El viaje a la Amazonía / The Journey to the Amazon

Escarabajos de Sudamérica / Beetles of South America.
Coleoptera: Scarabaeidae y Cerambycidae
Colección de Entomología MNCN (Colección A. del Saz Fucho)

Sobre los monos del Amazonas. Artículo publicado por A. R. Wallace / *On the Monkeys of the Amazon.* Article published by A. R. Wallace. *Zoological Society of London*, 1852

Zoological Society. **451**

dification of the female generative organs in a specimen of the *Macropus Bennettii* dissected by him at the University of Gand *.

The brain of the *Dendrolagus inustus* weighed 6 drachms.

The cerebral lobes were smooth, and showed only a short linear indentation above the anterior part of each. There was no trace of supra-ventricular commissure (corpus callosum), and in all particulars save the more simple external surface the structure of the brain corresponded with that of the Great Kangaroo as described in the 'Philosophical Transactions' for 1837. The proportion of the weight of the brain to that of the body is as 1 to 230; in the *Macropus major* it is as 1 to 800, the comparison being made on the body of a large old male. The difference between the large and small species of Kangaroo depends on the brain not increasing in proportion to the increase in the bulk of the entire animal. The smaller species in any natural family of Mammalia, resemble the fœtus of the larger species in the greater proportional size of both the brain and the eyes.

On the Monkeys of the Amazon.
By Alfred R. Wallace.

The great valley of the Amazon is rich in species of Monkeys, and during my residence there I had many opportunities of becoming acquainted with their habits and distribution. The few observations I have to make will apply principally to the latter particular. I have myself seen twenty-one species; seven with prehensile and fourteen with non-prehensile tails, as shown in the following list:—

3 Howlers, viz.—*Mycetes ursinus, M. caraya*? and *M. Beelzebub*;
1 Spider Monkey,—*Ateles paniscus*;
1 Big-bellied Monkey (*Barrigudo* of the Brazilians),—*Lagothrix Humboldtii*;
2 Sapajou,—*Cebus gracilis* (Spix) and *C. apella*?;
4 Short-tailed Monkeys,—*Brachyurus couxiu, B. ouakari* (Spix), *B. rubicundus* (? *Calvus*, B. M.), and a new species;
2 Sloth Monkeys,—*Pithecia irrorata* and an undescribed species;
3 Squirrel Monkeys,—*Callithrix sciureus, C. personatus* and *C. torquatus*;
2 Nocturnal Monkeys,—*Nyctipithecus trivirgatus* and *N. felinus*; and
3 Marmoset Monkeys,—*Jacchus bicolor, J. tamarin* and a new species.

The Howling Monkeys are generally abundant; the different species, however, are found in separate localities; *Mycetes Beelzebub* being apparently confined to the Lower Amazon, in the vicinity of Para; a black species, *M. caraya*?, to the Upper Amazon; and a red species, *M. ursinus*, to the Rio Negro and Upper Amazon. Much confusion seems to exist with regard to the species of Howlers, owing to the difference of colour in the sexes of some species. The red and

* Bulletin de l'Académie Royale de Belgique, tom. xviii. p. 599.

29*

Diferentes especies del género *Alouatta* (mono aullador) / Six different specimens of the genus *Alouatta* (howler monkey)

— Realiza nuevos envíos a Londres de lepidópteros, escarabajos (*Callithea sapphira*) y el caimán *Jacara tinga*.

— Alfred y Herbert deciden remontar el Río Negro hacia las fuentes del Orinoco. Tras dos meses de navegación por el Amazonas llegan a Barra (actual Manaos) en diciembre y busca al "pájaro paraguas" (*Cephalopterus ornatus*) por las islas del río Negro.

— Wallace se despide de su hermano y parte hacia el nacimiento del Río Negro en el barco de un comerciante portugués llamado Lima. Durante esta travesía Wallace pesca y hace dibujos de peces que constituyen un nuevo interés para él constatando que los del Río Negro eran distintos de los del Amazonas. También se interesa por el resto de la fauna, la flora y las poblaciones humanas y además realiza un mapa de la región de Río Negro que se publicó en la revista de la *Real Sociedad Geográfica* (Wallace 1853). Wallace sería el primer europeo en remontar el Río Negro.

— Visitó San Carlos de Río Negro, donde había estado Humboldt 50 años antes, y llegó hasta el río Casiquiare, que comunica las cuencas del Orinoco y el Negro.

— In 1849, Wallace and Bates went their separate ways. Wallace explored two tributaries of the Tocantins River, the Guama and the Capim, while Bates traveled up the Amazon River. Wallace's brother, Herbert, decided to join him and traveled to Pará to meet him. Together, they navigated the Amazon to Santarem, at the mouth of the Tapajoz River, where Wallace befriended the botanist Richard Spruce (1817-1893), who had come to Brazil attracted by Wallace's early botanical shipments.

— Wallace sent new shipments to London, including lepidoptera, beetles (*Callithea sapphira*), and the *Jacara tinga* caiman.

— Alfred and Herbert decided to navigate up the Negro River to its source. After two months of navigating the Amazon, they reached Barra (now Manaos) in December and searched for the umbrellabird (*Cephalopterus ornatus*) on the islands of the Negro River.

— Wallace bid farewell to his brother and continued to the source of the Negro River on a boat owned by a Portuguese merchant named Lima. During this journey,

Joseph Dalton Hooker

Richard Spruce

Cephalopterus penduliger.
Paragüero corbatudo /
Long-wattled Umbrellabird

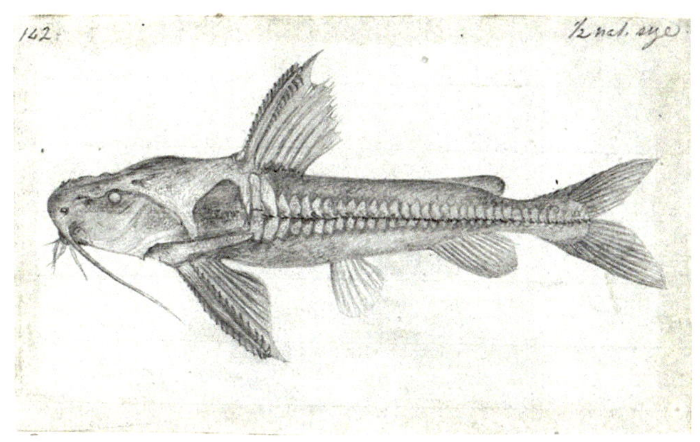

Doras dibujado por Wallace /
Doras by Wallace

Wallace fished and made drawings of fish species, which sparked a new interest as he noted that the fish in the Negro River were different from those in the Amazon. He also became interested in the rest of the fauna, flora, and human populations and created a map of the Negro River region that was published in the journal of the Royal Geographical Society in 1853. Wallace was the first European to navigate the Negro River.

– He visited San Carlos de Río Negro, where Humboldt had been 50 years earlier, and after overcoming many

Mapas del Río Negro y río Vaupés por Alfred R. Wallace /
Maps of the Rio Negro and the River Vaupés by Alfred R. Wallace

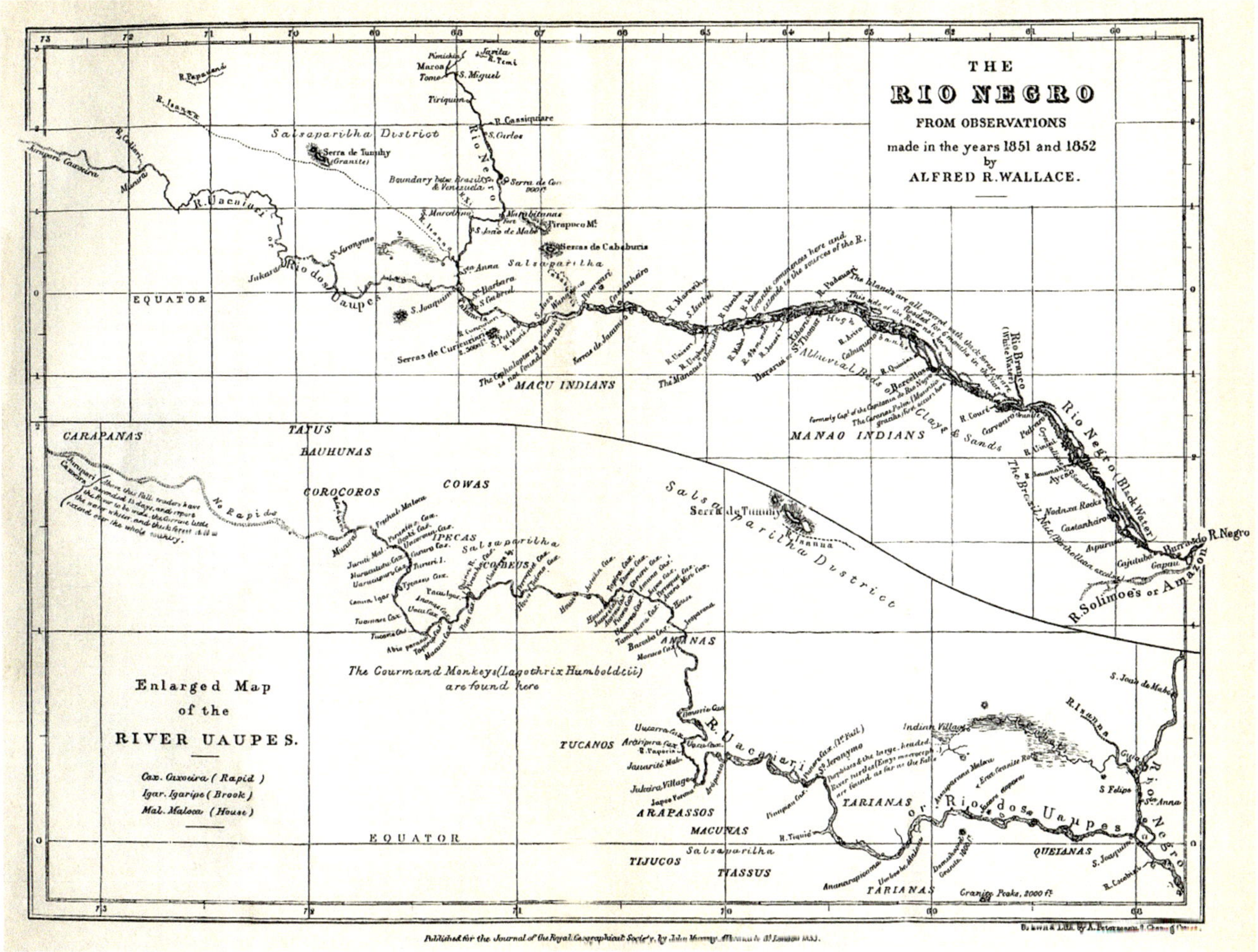

– Posteriormente remonta el río Vaupés, tributario del río Negro, en dos temporadas distintas. Pero las dificultades del viaje en una zona inexplorada, con problemas de comunicación con los indios y atacado por la fiebre, le obligaron a iniciar el camino de regreso volviendo por el río Negro y el Amazonas hasta Pará. Encontrándose en San Gabriel, antes de iniciar el regreso, le comunican que su hermano Herbert ha fallecido a causa de la fiebre amarilla.

– Describió sus experiencias en la Amazonía en *Una narración de viajes por el Amazonas y el Río Negro*, publicado en 1853. Y ese mismo año apareció en *Palmeras del Amazonas*.

setbacks, reached the Casiquiare River, which connects the Orinoco and Negro River basins.

– He then navigated the Vaupés River, a tributary of the Negro River, during two separate seasons. However, the difficulties of traveling in unexplored areas, communication problems with the local indigenous peoples, and bouts of fever forced him to start his return journey, traveling back down the Negro River and the Amazon River to Pará. While in San Gabriel, just before embarking on the return journey, he received news that his brother Herbert had died of yellow fever.

– He described his experiences in the Amazon in *A Narrative of Travels on the Amazon and Rio Negro* (1853). In the same year, *Palm Trees of the Amazon* was published.

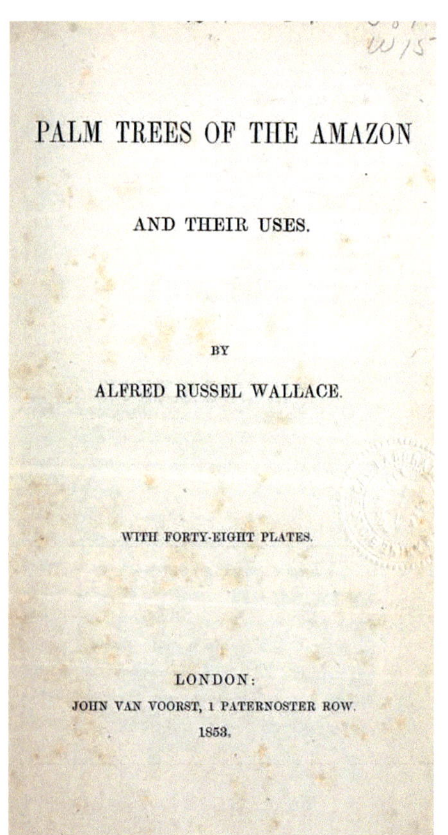

PALM TREES OF THE AMAZON

AND THEIR USES.

BY

ALFRED RUSSEL WALLACE.

WITH FORTY-EIGHT PLATES.

LONDON:
JOHN VAN VOORST, 1 PATERNOSTER ROW.
1853.

Palmeras del Amazonas y sus usos / Palm Trees of the Amazon and their uses by Alfred Russel Wallace. London 1853

Leopoldina pulchra. Ilustración en *Palmeras del Amazonas* / Illustration from *Palm Trees of the Amazon*

Desmoncus sp. Dibujo sobre papel. Tinta/acuarela/témpera. Isidro Gálvez Real Expedición Botánica al Virreinato del Perú (1777-1788) / Drawing on paper. Ink/watercolor/tempera Archivo Real Jardín Botánico. Nº Inv.: ARJB DIV. IV 1678

Los habitantes del Amazonas y Río Negro

Wallace no solamente se interesó por la fauna y la flora en su recorrido amazónico sino también por los indígenas que habitaban la región. En su obra *Una narración de viajes por el Amazonas y el Río Negro* (1853) describe las tribus que encontró y sus lenguas, sus formas de vida, alimentación, organización social, costumbres, creencias, así como sus características físicas.

Le interesan particularmente las tribus poco contactadas y que mantienen los modos de vida ancestrales. Describe especialmente a los indios del río Vaupés, de los que identifica al menos 30 tribus. Cultivan mandioca, caña de azúcar, boniatos y maíz entre otros productos, y practican la pesca diariamente. Tienen una morada permanente que suele albergar a numerosas familias denominada maloca, donde celebran fiestas y también entierran a sus muertos.

The Inhabitants of the Amazon and Rio Negro

Wallace's interest extended beyond the fauna and flora during his Amazonian journey; he was also fascinated by the indigenous peoples inhabiting the region. In his work A Narrative of Travels on the Amazon and Rio Negro (1853), he described the tribes he encountered, their languages, lifestyles, food types, social organization, customs, beliefs, and physical characteristics.

He was particularly interested in tribes that had little contact with the outside world and still maintained their ancestral ways of life. He provided special insight into the Indians of the Vaupés River, where he identified at least 30 tribes. These tribes cultivated crops like cassava, sugarcane, sweet potatoes, and maize, among other items, and engaged in daily fishing. They lived in permanent communal dwellings called "malocas," which often housed numerous

Figuras en las rocas de granito del río Vaupés / Figures on the granite rocks of the Uaupés river.

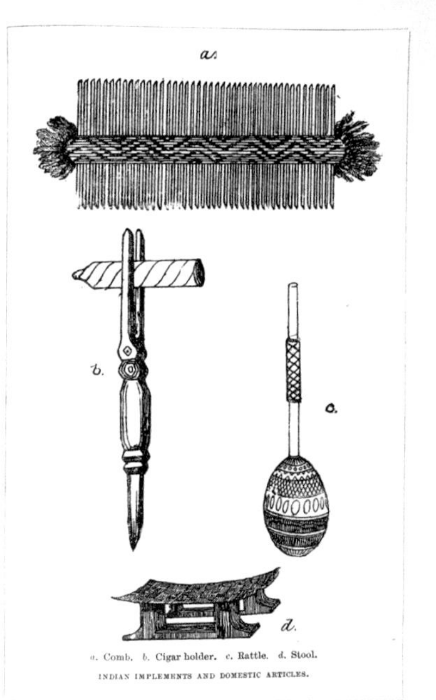

Utensilios indios y artículos domésticos / Indian implements and domestic articles

Aldea en Río Negro / An indian village on the Rio Negro

Fabrican numerosos utensilios y muebles domésticos, muchos de los cuales fueron recogidos por Wallace, aunque los perdió todos en su viaje de vuelta a Inglaterra.

A través del río Vaupés comercian con los europeos a los que proporcionan "zarzaparrilla, breas, fariña, cuerda, hamacas cestas, ornamentos de plumas..." que intercambian fundamentalmente por "hachas, machetes, sal, espejos y cuentas". Wallace señala que solo los cubeos parecen ser caníbales, pues consumen carne de los miembros de tribus enemigas.

Años más tarde, a Wallace le sorprende el parecido que existe entre algunas costumbres de los indios de esta zona con los de regiones tan lejanas como Borneo y Nueva Guinea. Las cerbatanas, las casas, las cestas y cajas

families and served as places for celebrations and burial rituals. Wallace collected many utensils and household items made by these tribes, although he lost all of them during his return journey to England.

Through the Vaupés River, local peoples engaged in trade with Europeans, providing items like "sarsaparilla, resins, flour, ropes, hammocks, baskets, feather ornaments..." in exchange for "axes, machetes, salt, mirrors, and beads." Wallace noted that only the Cobeus (cubeos) appeared to be cannibals, as they consumed the flesh of members of enemy tribes.

Years later, Wallace was surprised to find similarities between the customs of the indigenous peoples in this area and those from regions as distant as Borneo and New Guinea. Blowpipes, houses, baskets, and boxes were very

Guirnalda. Cultura cubeo. Amazonía. Colombia y Brasil. Recogida en 1933-1934. Plumas de tucán, fibra vegetal / Garland. Cubeo ethnic group. Vegetal fiber, toucan feathers. Brazilian and Colombian Amazon.
Museo Nacional de Antropología. Nº inventario: CE7400.

Maraca. Cultura cubeo. Amazonía. Colombia y Brasil. Recogida en 1933-1934. Corteza de totuma ("Crescentia cujete"), madera, pigmento, piedra y/o semilla, fibra vegetal / Maraca. Cubeo ethnic group. Brazilian and Colombian Amazon. Vegetal fiber, wood, fruit peel, pigment, stone.
Museo Nacional de Antropología. Nº inventario: CE7586.

son muy similares y podrían parecer de tribus próximas. Además, los mundurucús del Amazonas, al igual que los dayaks de Borneo, cortaban las cabezas de sus enemigos y las secaban cuidadosamente para colgarlas alrededor de sus casas. No obstante, Wallace reconoce carecer de la suficiente información para decidir si estas coincidencias se deben a alguna relación remota o al hecho de compartir las mismas necesidades, clima y nivel de civilización.

similar and seemed to belong to neighboring tribes. Additionally, the Mundrucús (or Mundurucús) of the Amazon, like the Dayaks of Borneo, severed the heads of their enemies and carefully dried them to hang around their houses. However, Wallace acknowledged that he lacked sufficient information to determine whether these coincidences were due to recent shared ancestry or were instead the result of shared needs, climate, and technological level.

Un accidentado regreso

El 12 de julio de 1852 Wallace se embarcó hacia Europa en el vapor Helen con miles de especímenes y objetos a bordo. Pero después de unas semanas de navegación el barco comenzó a arder en medio del Atlántico y terminó hundiéndose. Wallace y otros pasajeros lograron saltar antes a un bote salvavidas, donde permanecieron 10 días a la deriva hasta que el barco *Jordeson* los rescató. Llegaron a Inglaterra en octubre de 1852. Alfred solo consiguió salvar su reloj, algunos dibujos de peces y parte de sus notas y diarios. Se perdieron distintas especies de tortugas de río, esqueletos y pieles de aves y mamíferos, y los animales vivos, aves y monos. Miles de especímenes colectados, preparados y conservados cuidadosamente durante años desaparecieron ante sus ojos.

A Calamitous Return

On July 12, 1852, Wallace embarked for Europe on the steamship H.M.S. Helen with thousands of specimens and artifacts on board. But a few weeks into the trip, the ship caught fire in the middle of the Atlantic Ocean and sank. Wallace and other passengers managed to jump onto a lifeboat, where they drifted for 10 days until the ship *Jordeson* rescued them. They arrived in England in October 1852. Alfred was only able to save his watch, some fish drawings, and part of his notes and journals. Most of his collections, including various species of river turtles, thousands of bird and mammal specimens, and live animals like parrots and monkeys, disappeared before his eyes.

El incendio del Helen / Helen Burning. W.H.G. Kingston. 1875. Shipwrecks and Disasters at Sea

El naufragio del Helen, por Pablo Echevarría. Grafito y acuarela sobre papel / The sinking of the Helen, by Pablo Echevarría. Graphite and water colour on paper, 2023

Ejemplares de peces que dibujó Wallace / Specimens of fish that Wallace drew.

De izquierda a derecha, / From left to right,
Synbranchus marmoratus, *Anostomus taeniatus* (act., *Laemolyta taeniata*), *Crenicichla lepidota*, *Xiphorhamphus ferox* (act., Acestrorhynchus falcatus), *Sternopygus carapus/Carapus fasciatus* (act., *Gymnotus carapo*). Colección de Ictiología MNCN

Peces dibujados por Wallace / Fishes drawn by Wallace

Synbranchus marmoratus

Anostomus taeniatus

Crenicichla

Xiphorhamphus ferox

Sternopygus

En esta carta a su amigo Spruce, escrita pocos días después de su regreso a Inglaterra, Wallace relata el naufragio del *Helen* y hace recuento de sus numerosas pérdidas.

...alrededor de las nueve de la mañana, justo después del desayuno, el Capitán Turner (que era medio dueño de la embarcación) entró en la cabina y dijo 'Me temo que el barco está en llamas.'[...] Tuve que descender al bote [salvavidas] mediante una cuerda, y al estar débil, se me escurrió de las manos y me despellejó todos los dedos [...] Permanecimos cerca del barco durante toda la tarde, observando el avance de las llamas, que pronto cubrieron la parte trasera del navío y se precipitaron por las jarcias y velas en un incendio grandioso. [...] No puedo ni intentar describir mis sentimientos y pensamientos durante estos sucesos. [...] Mis colecciones estaban en la bodega y se perdieron irremediablemente. Y ahora empecé a pensar que casi toda la recompensa de mis cuatro años de privaciones y peligros se había perdido. [...] Mi colección privada de insectos y aves desde que salí de Pará estaba conmigo y comprendía cientos de especies nuevas y hermosas, que habrían convertido mi gabinete en uno de los mejores de Europa. [...] He perdido numerosos bocetos, dibujos, notas y observaciones de historia natural, además de los tres años más interesantes de mi diario. [...] Así que verás que necesito cierta resignación filosófica para soportar mi destino con paciencia y ecuanimidad.

In this letter to his friend Spruce, written a few days upon returning to England, Wallace relates the burning and sinking of the *Helen*, and makes an assessment of his many losses.

...about nine in the morning, just after breakfast, Captain Turner (who was half owner of the vessel) came into the cabin and said 'I'm afraid the ship's on fire.' [...] I had to let myself down into the [life] boat by a rope, and being rather weak it slipped through my hands and took the skin of all my fingers [...] We lay near the ship all the afternoon, watching the progress of the flames, which soon covered the hinder part of the vessel, and rushed up the shrouds and sails in a most magnificent conflagration [...] I cannot attempt to describe my feelings and thoughts during these events [...] My collections were in the hold and were irretrievably lost. And now I began to think that almost all the reward of my four years of privation and danger was lost. [...] All my private collection of insects and birds since I left Para was with me, and comprised hundreds of new and beautiful species, which would have rendered my cabinet one of the finest in Europe. [...] I have lost a number of sketches, drawings, notes and observations of natural history, besides the three most interesting years of my journal. [...] So you will see that I have some need of philosophic resignation to bear my fate with patience and and equanimity.

Brig Jordeson, Lat. N. 49.30 Long. W. 20° Sunday, Sept. 19th. 1852.

My dear Friend

Having now some prospect of being home in a week or ten days I will commence giving you an account of the peculiar circumstances which have already kept me at sea seventy days on a voyage which took us only 29 on our passage out. I hope you have received the letter I sent you from Pará dated July 9 or 10 – in which I informed you that I had taken a passage in a vessel bound for London & was to sail in a few days – On Monday the 12th. of July I went on board with all my cargo & some articles purchased or collected on my way down with the remnant (about 20) of my live stock. After being at sea about a week I had a slight attack of fever & almost thought I had got the yellow fever after all. However a little calomel set me right in a few days, but I continued weak some time & spent most of my time reading in the cabin which was very comfortable – On Friday the 6th of August we were in N. Lat. 30.30 W. Long. 52°. when about 9 o'clock in the morning just after breakfast the Captain (who was the owner of the vessel) came into the cabin & said "I am afraid the ship's on fire. Come & see what you think of it." Going on deck I found a thick smoke coming out of the forecastle, which we both thought seemed more like the steam from heating vegetable matter than the smoke of a fire – The fore hatchway was immediately opened to try and ascertain the origin of the smoke & a quantity of cargo was thrown out but the smoke coming out steadily without any perceptible increase we went to the after hatchway & after throwing out a quantity of Piassaba with which the upper part of the ship was loaded the smoke became so dense that the men could not stay down to throw out any more – Most of them were then set throwing in water & the rest proceeded to the cabin & opened the "Lazaretto" or store place beneath its floor & found smoke issuing from the bulkhead which separated it from the hold which extended half way under the fore part of the cabin – Attempts were then made to break down this bulkhead, but it resisted all efforts the smoke being so suffocating as to prevent any one stopping in it more than a minute at a time

Ave del paraíso de Wallace /
Standardwing Bird of Paradise
Semioptera wallacii

Viaje al archipiélago malayo / Journey to the Malay Archipelago (1854-1862)

A pesar del accidentado y trágico viaje de vuelta desde Brasil, Wallace se embarca en 1854 en una nueva expedición, esta vez al archipiélago malayo (los actuales Singapur, Malasia, Brunei, Indonesia, y Timor Oriental). Recorrió todas las islas importantes del archipiélago a lo largo de ocho años y 22,500 kilómetros, colectando ejemplares y escribiendo y reflexionando acerca de la evolución. Envió a Inglaterra 110.000 insectos, 7.500 conchas, 8.050 pieles de aves y 410 mamíferos y reptiles, entre los que existían alrededor de 5.000 especies desconocidas para la ciencia.

Despite the challenging and tragic return journey from Brazil, Wallace embarked on a new expedition in 1854, this time to the Malay Archipelago (including present-day Singapore, Malaysia, Brunei, Indonesia, and East Timor). Over eight years he covered 22,500 kilometers, exploring all the major islands of the archipelago, collecteing specimens, and writing and reflecting on evolution. He sent back to England 110,000 insects, 7,500 shells, 8,050 bird skins, and 410 mammals and reptiles, including about 5,000 species previously unknown to science. During this expedition, he

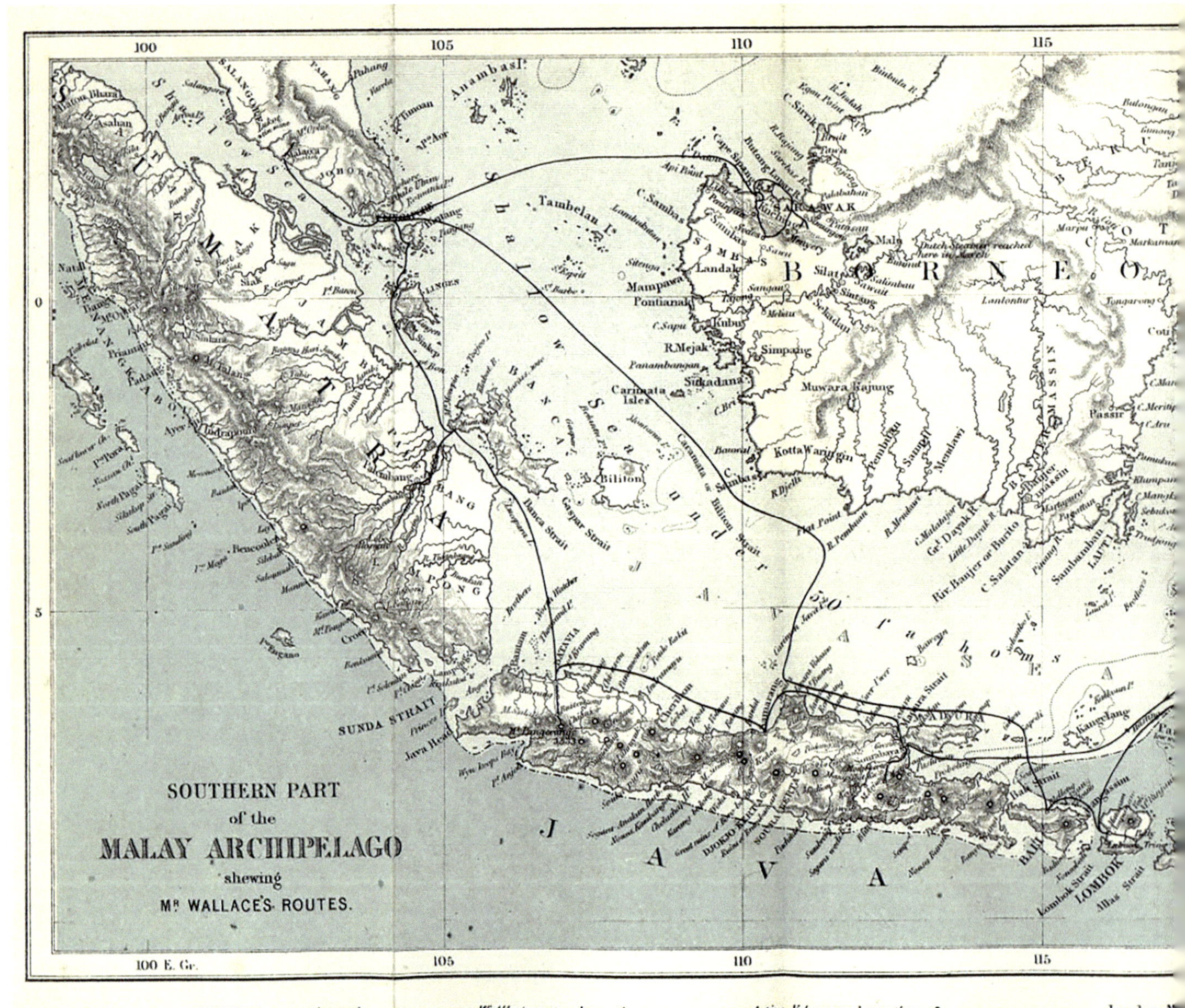

Durante esta expedición elaboró su teoría de la evolución mediante la selección natural, similar a la de Darwin pero concebida de forma independiente. Además, profundizó en el conocimiento de la distribución geográfica de las especies estableciendo la línea que marca el límite entre la fauna del sudeste asiático y la australásica (Nueva Guinea, Australia y archipiélagos del Pacífico sudoccidental) y que hoy conocemos como Línea de Wallace.

developed his theory of evolution through natural selection, very similar to Darwin's but independently conceived. He also deepened his understanding of the geographical distribution of species, establishing the line that marks the boundary between the Southeast Asian and Australasian fauna (New Guinea, Australia, and southwestern Pacific archipelagos), now known as Wallace's Line.

Mapa de las rutas de Wallace tomadas de *El archipiélago malayo* / Map of Wallace's route taken from *The Malay Archipelago*

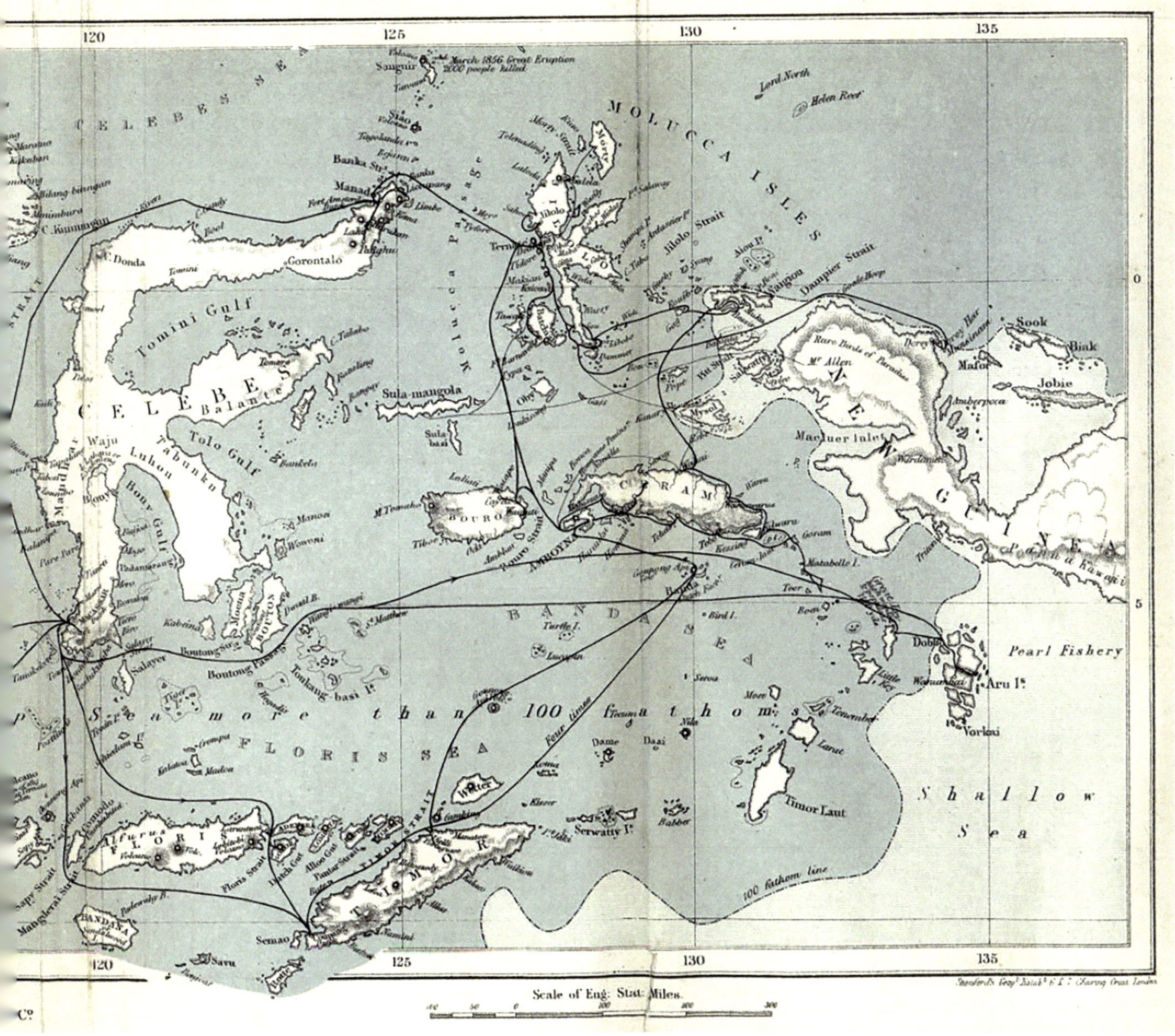

Viaje al archipiélago malayo / Journey to the Malay Archipelago (1854-1862)

Ave del paraíso real / King Bird-of-Paradise.
Cicinnurus regius
Aguada y tinta sobre papel verjurado
Colección Johannes Le Francq Van Berkhey (1729-1812).
Archivo MNCN ACN110A/005/04330

Nativos de Aru cazando aves del paraíso /
Natives of Aru hunting the Greater Bird-of-Paradise

THE
MALAY ARCHIPELAGO:
THE LAND OF THE
ORANG-UTAN AND THE BIRD OF PARADISE
A NARRATIVE OF TRAVEL,
WITH STUDIES OF MAN AND NATURE.
BY
ALFRED RUSSEL WALLACE,
AUTHOR OF
"TRAVELS ON THE AMAZON AND RIO NEGRO," "PALM TREES OF THE AMAZON," ETC.

London:
MACMILLAN AND CO.
AND NEW YORK.
1886.
The Right of Translation and Reproduction is Reserved.

Portada de *El archipiélago malayo: la tierra del orangután y el ave del paraíso* por Alfred Russel Wallace / Title page of *The Malay Archipelago: The Land of the Orang-Utan and the Bird of Paradise* by Alfred Russel Wallace

Mariposas y polillas / Butterflies and moths
1. *Alcides orontes* (Uraniidae); 2. *Losaria* (Papilionidae); 3. *Euploea radamanthus* (Nymphalidae);
4. *Cocytia durvillii* Boisduval (Erebidae); 5. *Idea durvillei* (Nymphalidae); 6. *Attacus atlas* (Saturniidae);
7. *Papilio demolion* (Papilionidae); 8. *Kallima inachus* (Nymphalidae); 9. *Papilio gambrisius* (Papilionidae);
10. *Appias nero* (Pieridae); 11. *Papilio blumei* (Papilionidae); 12. *Graphium sarpedon* (Papilionidae);
13. *Episteme distincta* (Noctuidae); 14. *Lyssa zampa* (Uraniidae)
Archipiélago malayo / Malay Archipelago
Colección de Entomología MNCN

Orangután / Orangutan
Pongo sp.

Principales eventos

– En marzo de 1854 zarpa desde Inglaterra junto a su asistente Charles Allen en dirección al archipiélago malayo. La *Royal Geographic Society* se hizo cargo de los costes de este viaje.

– Realizó relevantes hallazgos respecto a la distribución geográfica de las especies, especialmente el descubrimiento de que en islas bastante próximas pueden existir especies completamente diferentes. Estableció así en 1856 la conocida como *Línea de Wallace* que pasa entre las islas de Bali y Lombok y entre Borneo y Sulawesi, marcando la separación entre las faunas de Asia y Oceanía.

– Entre los hallazgos zoológicos más conocidos de Wallace en el archipiélago están la mariposa de alas de pájaro dorada de Wallace *Ornithoptera croesus*, la mariposa de alas de pájaro del rajá Brooke *Trogonoptera brookiana*, la abeja más grande del mundo *Megachile pluto*, la rana voladora *Rhacophorus nigropalmatus* y el ave del paraíso de Wallace *Semioptera wallacii*.

– También hace descripciones de los modos de vida y rasgos de las distintas etnias que habitan las islas anotando las diferencias que existen entre los indígenas que habitan en las islas occidentales y los papúes de Nueva Guinea.

– Durante su viaje escribió 38 artículos en revistas de historia natural.

– En febrero de 1855, mientras Wallace estaba en Sarawak (Borneo) escribe un importante artículo sobre evolución *Sobre la ley que ha regulado la introducción de nuevas especies* que fue publicado en septiembre de ese mismo año en los *Annals and Magazine of Natural History*. En él concluye que "Todas las especies han comenzado a existir coincidiendo en el tiempo y en el espacio con una especie preexistente estrechamente relacionada". Con esta ley, si bien no explica el mecanismo, sí establece los fundamentos de la evolución de las especies. El geólogo Charles Lyell, a pesar de ser creacionista, quedó impresionado por el artículo y se lo comentó a Darwin, quien le restó importancia.

Expulsando a un intruso / Ejecting an intruder

Alí, el respetado y leal asistente de Wallace / Ali, Wallace's respected and trusted assistant

Indígenas de Timor (de una fotografía) / Timor men (From a photograph)

Key Events

– In March 1854, Wallace set sail from England to the Malay Archipelago, accompanied by his assistant Charles Allen. The *Royal Geographic Society* covered the costs of this journey.

– He made significant discoveries regarding the geographical distribution of species, particularly the finding that completely different species could exist on fairly close islands. In 1856, he established what is today known as Wallace's Line, which runs between the islands of Bali and Lombok and between Borneo and Sulawesi, marking the separation between Asian and Oceanian faunas.

– Some of Wallace's best-known zoological discoveries in the archipelago include Wallace's golden birdwing butterfly (*Ornithoptera croesus*), the Rajah Brooke's birdwing butterfly (*Trogonoptera brookiana*), the world's largest bee (*Megachile pluto*), the flying frog (*Rhacophorus nigropalmatus*), and Wallace's standardwing bird-of-paradise (*Semioptera wallacii*).

– He also made descriptions of the lifestyles and features of various ethnic groups inhabiting the islands, noting the differences between the indigenous peoples of the western islands and the Papuans of New Guinea.

– During his journey, he wrote 38 articles that were published in natural history journals.

– In February 1855, while in Sarawak (Borneo), he wrote an important article on evolution titled *On the Law which has regulated the introduction of new species*, which was published in September of the same year in the *Annals and Magazine of Natural History*. In it, he concluded that "All species have originated coincident in time and space with a pre-existing closely allied species." Although the article didn't explain the mechanism, it laid the groundwork for the theory of species evolution. Geologist Charles Lyell, despite being a creationist, was impressed by the article and mentioned it to Darwin, who initially discounted its importance.

– In 1858, during a feverish process on the island of Ternate, Wallace discovered the mechanism behind the

Viaje al archipiélago malayo / Journey to the Malay Archipelago (1854-1862)

– En 1858 durante un proceso febril en la isla de Ternate, descubre el mecanismo a través del cual se produce la evolución de los seres vivos: la selección natural. Escribe rápidamente un artículo sobre el tema y se lo envía a Darwin, quien a raíz de esta carta se decidirá por fin a publicar su similar teoría evolutiva. En agosto del mismo año se publica el artículo de Wallace junto a un resumen de la misma teoría de Darwin en la *Revista de la Sociedad Linneana de Londres*.

– En 1860 recibe por correo el libro de Darwin *El origen de las especies*. El libro le fascina y explica en cartas que lo ha releído varias veces.

– En 1862 Wallace vuelve a Inglaterra.

– En 1869 publica *El archipiélago malayo*, uno de los libros de viajes más vendidos en su época.

evolution of living beings: natural selection. He quickly wrote an article on the topic and sent it to Darwin, who, as a result of this letter, finally decided to publish his own similar theory of evolution. In August of the same year, Wallace's article and a summary of Darwin's theory were published together in the *Journal of the Linnean Society of London*.

– In 1860, Wallace received by mail Darwin's book *On the Origin of Species*. The book fascinated him, and he explained in letters to friends that he had read it several times.

– In 1862, Wallace returned to England.

– In 1869, he published *The Malay Archipelago: The Land of the Orangutan and the Bird of Paradise*, one of the best-selling travel books of his time.

Cálao rinoceronte por Wallace / Rhinoceros hornbill by Wallace. *Buceros rhinoceros*

Escarabajos de la familia Cetoniidae descritas por A. R. Wallace. Beetles of the family Cetoniidae described by A. R. Wallace.
Coleoptera. Archipiélago malayo/ Malay Archipelago
Colección de Entomología MNCN

ON

THE ORIGIN OF SPECIES

BY MEANS OF NATURAL SELECTION,

OR THE

PRESERVATION OF FAVOURED RACES IN THE STRUGGLE FOR LIFE.

BY CHARLES DARWIN, M.A.,

FELLOW OF THE ROYAL, GEOLOGICAL, LINNÆAN, ETC., SOCIETIES;
AUTHOR OF 'JOURNAL OF RESEARCHES DURING H. M. S. BEAGLE'S VOYAGE ROUND THE WORLD.'

LONDON:
JOHN MURRAY, ALBEMARLE STREET.
1859.

The right of Translation is reserved.

El origen de las especies por medio de la selección natural o la preservación de las razas en la lucha por la existencia por Charles Darwin / *On the Origin of Species by Means of Natural Selection, or the Preservation of Favoured Races in the Struggle for Life* by Charles Darwin. London, John Murray, 18959

Orquídea de Sadong, Sarawak. Dibujo de A. R. Wallace / Orchid from Sadong, Sarawak by A. R. Wallace

Viaje al archipiélago malayo / Journey to the Malay Archipelago (1854-1862)

Ave del paraíso roja /
Red Bird of Padise
Paradisea rubra

Ave del paraíso de Pennant / Western Parotia
Parotia sefilata
Nueva Guinea
Colección de Aves MNCN-A19796

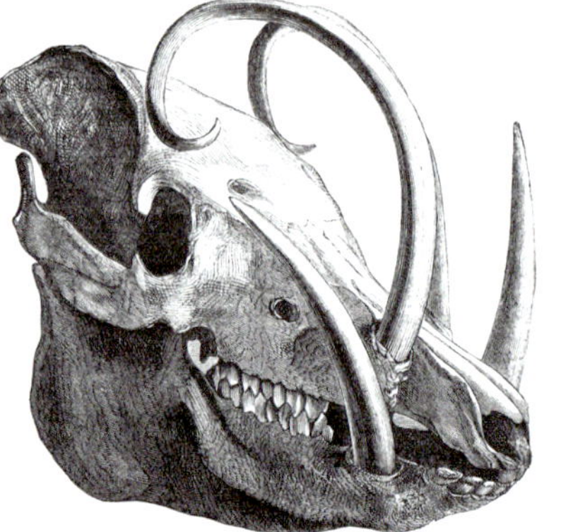

Cráneo de babirusa
Skull of babirusa
Babyrousa babyrussa

Wallace y F. F. Geach en Singapur en 1862 / Wallace and F. F. Geach in Singapore in 1862

Viaje al archipiélago malayo / Journey to the Malay Archipelago (1854-1862)

Ornithoptera croesus (Wallace 1859)
Wallace's golden birdwing
Lepidoptera: Papilionidae
Indonesia
Colección de Entomología MNCN

La belleza de este insecto [Ornithoptera croesus] *es indescriptible, y solo un naturalista puede comprender la emoción intensa que experimenté cuando finalmente lo atrapé. Al sacarlo de la red y abrir sus gloriosas alas, mi corazón empezó a latir violentamente, la sangre me subió a la cabeza y me sentí mucho más cerca del desmayo que cuando temí la muerte inminente.*

Alfred R. Wallace, *El archipiélago malayo*

The beauty of this insect [Ornithoptera croesus] *is indescribable, and none but a naturalist can understand the intense excitement I experienced when I at length captured it. On taking it out of my net and opening the glorious wings, my heart began to beat violently, the blood rushed to my head, and I felt much more like fainting than I have when in apprehension of immediate death.*

Alfred R. Wallace, *The Malay Archipelago*

Escarabajo joya tricolor/
Tri-colored Jewel Beetle
Belionota sumptuosa

Escarabajo joya tricolor *Belionota sumptuosa*, Coleoptera, Buprestidae.
Este espécimen fue colectado por Wallace en la isla de Seram en 1860 y está depositado en el Oxford University Museum of Natural History. Más de 160 años despúes, el fotógrafo londinense Levon Biss ha utilizado fotografía macro como parte de su proyecto Microsculpture para magnificar los detalles más minúsculos de esta joya tropical.

Tri-colored Jewel Beetle *Belionota sumptuosa*, Coleoptera, Buprestidae.
This specimen was collected by Wallace on the island of Seram in 1860 and is deposited in the Oxford University Museum of Natural History. Over 160 years later, London photographer Levon Biss has used macro photography as part of his Microsculpture project to magnify the most minute details of this tropical gem.

Viaje al archipiélago malayo / Journey to the Malay Archipelago (1854-1862)

Especímenes de insectos colectados por Wallace en el archipiélago malayo. Colección de Entomología del Museo de Historia Natural de Oxford / Insect specimens collected by Alfred R. Wallace in the Malay Archipelago. Entomology Collection at Oxford University Museum of Natural History

Especímenes de insectos colectados por Wallace en el archipiélago malayo.
Colección de Entomología del Museo de Historia Natural de Oxford /
Insect specimens collected by Alfred R. Wallace in the Malay Archipelago.
Entomology Collection at Oxford University Museum of Natural History

Las poblaciones humanas

Wallace también describe a los humanos que habitaban el archipiélago malayo y distingue "dos razas marcadamente contrastadas": los malayos en la zona occidental, y los papúes en Nueva Guinea e islas cercanas. "Los primeros han mantenido contacto con los europeos, y se dividen en cuatro grandes grupos, unas cuantas tribus semicivilizadas y otras varias salvajes."

"Los malayos propiamente dichos habitan la península malaya y casi todas las regiones costeras de Borneo y Sumatra. Hablan la lengua malaya, escriben en caracteres arábigos, profesan la religión mahometana. Además, están los javaneses, mahometanos y brahmanes, los bugis con su propia lengua y caracteres nativos, y los filipinos, muchos de ellos cristianos, que hablan español y su lengua nativa, el tagalo."

Wallace observa que los malayos han recibido influencia de la inmigración india, china y árabe, mientras que la raza papú solo ha estado sujeta al influjo de los comerciantes malayos. Los papúes "poseen una gran energía vital y... una sensibilidad artística más elevada que sus hermanos geográficos. La raza papú parece extenderse hasta las islas al este de Nueva Guinea, a la altura de las islas Fiyi."

Wallace describe además otros grupos indígenas menos numerosos, unos más parecidos a los malayos y otros a los papúes y finalmente avanza una hipótesis sobre su posible origen. Traza una línea que separa las poblaciones malayas y asiáticas de los papúes y los habitantes del Pacífico y concluye que "aunque en los puntos de confluencia han tenido lugar sucesivas intermigraciones y cruces, existe una armonía entre la línea divisoria de las razas humanas del archipiélago y la de los animales de la misma zona, como ya he explicado y demostrado, aunque ambas líneas no resulten idénticas."

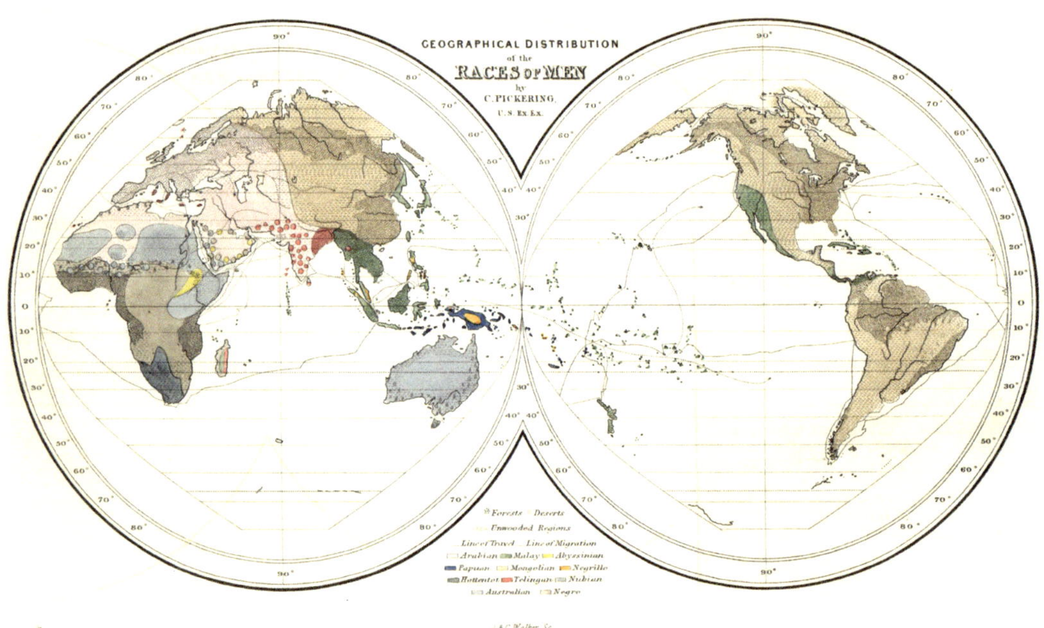

Distribución geográfica de las razas humanas / Geographical distribution of the Races of Men. Charles Pickering, 1854

The Human Populations

Wallace also described the human groups inhabiting the Malay Archipelago and distinguished "two markedly contrasting races": the Malays in the western zone and the Papuans in New Guinea and nearby islands. "The former have had contact with Europeans and are divided into four large groups, including a few semi-civilized tribes and several wild ones."

"The true Malays inhabit the Malay Peninsula and almost all coastal regions of Borneo and Sumatra. They speak Malay, write in Arabic script, and practice the Islamic religion. Additionally, there are the Javanese, Muslims and Brahmins, the Bugis with their own language and native script, and the Filipinos, many of whom are Christians, speak Spanish, and their native language, Tagalog."

Wallace noted that the Malays had received influence from Indian, Chinese, and Arab immigration, whereas the Papuan race had been primarily influenced by Malay traders. The Papuans "possess great vitality and... a higher artistic sensibility than their geographic brethren. The Papuan race appears to extend to the islands east of New Guinea, at the level of the Fiji Islands."

Wallace also described other indigenous groups, some more similar to Malays and others to Papuans, and proposed a hypothesis about their possible origins. He drew a line separating Malay and Asian populations from the Papuans and Pacific inhabitants, concluding that "although there have been successive intermigrations and crosses at confluence points, there is harmony between the dividing line of the human races in the archipelago and that of the animals in the same area, as I have already explained and demonstrated, even though both lines are not identical."

Orangután atacado por dayaks / Orang Utan attacked by Dyaks

Retrato de un joven dayak / Portrait of a Young Dyak

Viaje al archipiélago malayo / Journey to the Malay Archipelago (1854-1862)

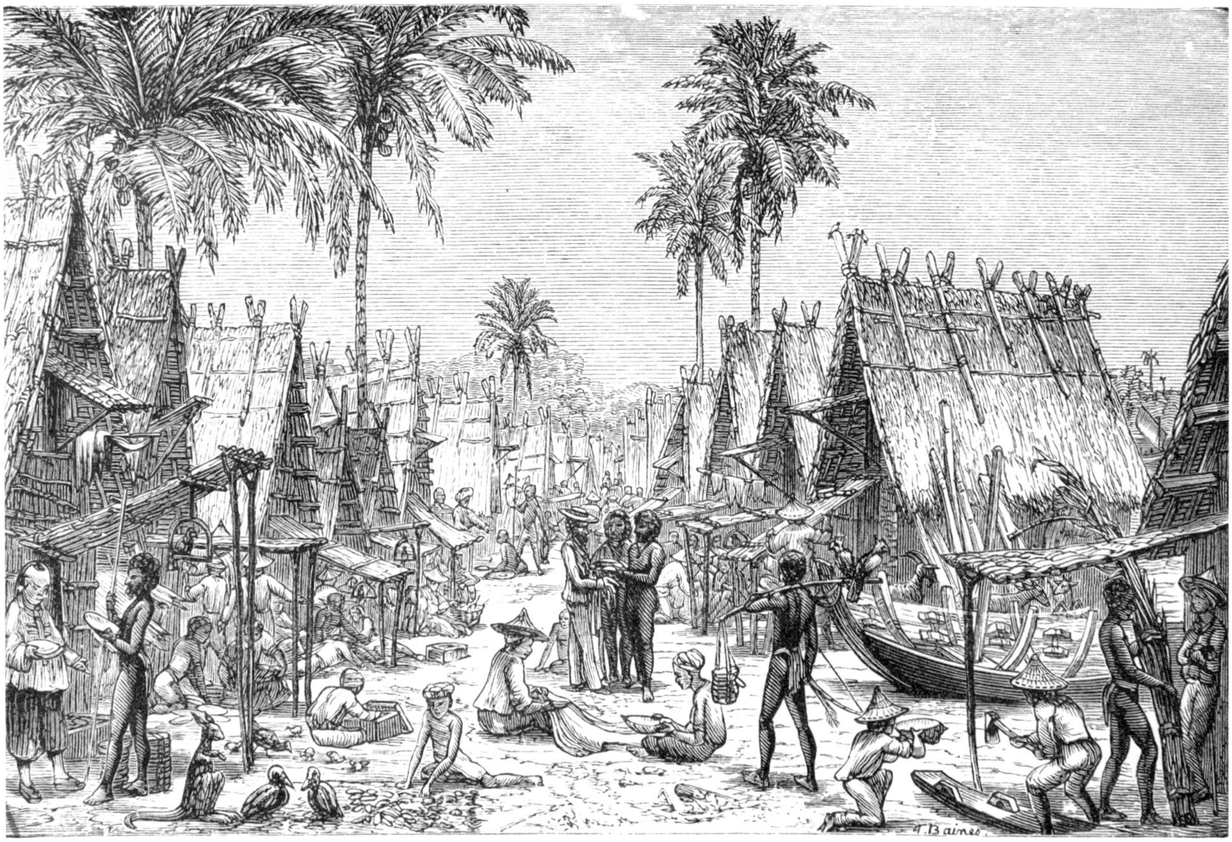

Dobo, en temporada comercial / Dobbo, the trading season

Papú, Nueva Guinea / Papuan, New Guinea

PAPUAN, NEW GUINEA.

"*Cuanto más conozco a personas no civilizadas, mejor concepto tengo de la naturaleza humana en general, y las diferencias esenciales entre el llamado hombre civilizado y el hombre salvaje parecen desvanecerse.*"

A. R. Wallace

"*The more I see of uncivilized people, the better I think of human nature on the whole, and the essential differencesbetween so-called civilized and savage man seem to disappear*"

A. R. Wallace

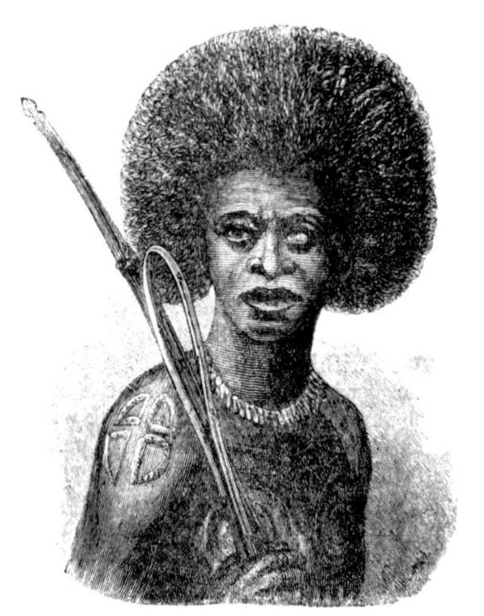

Figura de madera.
Cultura dayak / Wooden sculpture. Dayak culture.
Borneo, Indonesia.
Museo Nacional de Antropología
Nº Inv.: CE1997/1/80

Poste funerario
Madera, pigmento blanco. Grupo étnico asmat. Isla de Nueva Guinea. Papúa Occidental / Funerary post
Wood, white pigment
Asmat ethnic group
Nueva Guinea Island.
Museo Nacional de Antropología
Nº Inv.: CE19195

Ecarabajo *Eupholus* sp./
Beetle *Eupholus*. Nueva
Guinea / New Guinea

Wallace y la biogeografía moderna

A Wallace se le considera el padre de la biogeografía moderna, la ciencia que estudia la distribución geográfica de las especies, y su relación con factores como la evolución, el clima o la geología.

Wallace consideraba muy importante registrar el lugar exacto donde era colectado cada espécimen. En el libro *A Narrative of Travels on the Amazon and Rio Negro, With an Account of the Native Tribes, and Observations of the Climate, Geology and Natural History of the Amazon Valley* (1853), ya señala la diferente distribución de los peces en los distintos afluentes del Amazonas, o de los guacamayos azules y algunas mariposas y monos en distintas riberas del Amazonas. Pero fue durante el viaje al archipiélago malayo donde elaboró una base teórica para estas diferencias geográficas, tras contrastar las similitudes y diferencias entre especies que existían en distintas islas, a veces muy próximas.

En un principio Wallace explicó estas discontinuidades biogeográficas con argumentos de carácter geológico, como la existencia de regiones terrestres que ya habían desaparecido. Para ello asumía que la baja profundidad del mar entre distintas islas indicaba que la separación entre ellas había sido más reciente y por lo tanto las especies que las habitaban tenían relaciones genealógicas estrechas, mientras que en aquellas separadas por un mar más profundo indicaban que había habido barreras antiguas que impedían la migración y alejaban las relaciones genealógicas.

También propuso hipótesis evolutivas para explicar la diferente fauna y flora de las islas como resultado de las leyes de la extinción, modificación y reemplazo a las que están sometidas las especies. Percibió la importancia de la capacidad de dispersión de las especies para extenderse por amplias áreas, y de la existencia de barreras geográficas que impiden esta difusión. Igualmente, propuso que los cambios climáticos podían conducir al incremento de un grupo o a la extinción o disminución de otro.

Wallace and Modern Biogeography

Wallace is considered the father of modern Biogeography, the science that studies the geographical distribution of species and its relationship with factors such as evolution, climate, or geology.

Wallace considered it crucial to record the exact location where each specimen was collected. In his book *A Narrative of Travels on the Amazon and Rio Negro* (1853), he already noted the different distribution of fish in different tributaries of the Amazon, as well as the presence of certain birds, butterflies, and monkeys on different riverbanks of the Amazon. However, it was during his journey to the Malay Archipelago that he developed a theoretical basis for these geographical differences, contrasting the similarities and differences between species on different islands.

Initially, Wallace explained these biogeographical discontinuities with geological arguments, such as the existence of land regions that had already disappeared. He assumed that the shallow depth of the sea between different islands indicated more recent separation, and thus the species inhabiting them had close genealogical relationships. In contrast, islands separated by deeper seas had ancient barriers preventing migration and causing more distant genealogical relationships.

He also proposed evolutionary hypotheses to explain the different fauna and flora of the islands, resulting from the laws of extinction, modification, and replacement to which species are subjected. He recognized the importance of the dispersal ability of species to disperse across large areas and the existence of geographical barriers that hinder this diffusion. Furthermore, he suggested that climate changes could lead to the rise of one group or the decline or extinction of another.

Cubierta del libro *La distribución geográfica de los animales* por Alfred R. Wallace, 1876 / Title page of the book *The Geographical Distribution of Animals* by Alfred R. Wallace, 1876

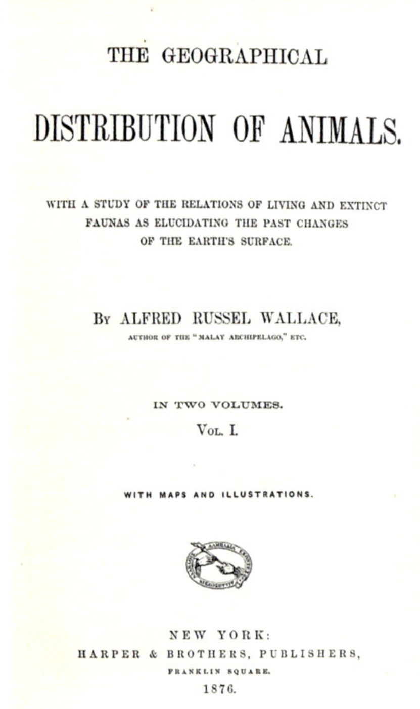

THE GEOGRAPHICAL

DISTRIBUTION OF ANIMALS.

WITH A STUDY OF THE RELATIONS OF LIVING AND EXTINCT FAUNAS AS ELUCIDATING THE PAST CHANGES OF THE EARTH'S SURFACE.

BY ALFRED RUSSEL WALLACE,
AUTHOR OF THE "MALAY ARCHIPELAGO," ETC.

IN TWO VOLUMES.
VOL. I.

WITH MAPS AND ILLUSTRATIONS.

NEW YORK:
HARPER & BROTHERS, PUBLISHERS,
FRANKLIN SQUARE.
1876.

Regiones biogeográficas / Biogeographical Regions

En su obra *La distribución geográfica de los animales Wallace* aborda la regionalización biogeográfica a nivel mundial, que según él permitiría cartografiar las islas y continentes de épocas pasadas. Partiendo de las grandes clases zoogeográficas propuestas por Philip L. Sclater (1829-1913) en su artículo de 1858, Wallace utiliza sus observaciones y su gran conocimiento de los datos sobre la distribución de especies, géneros y familias para delinear las fronteras de las grandes regiones zoogeográficas del globo, y algunas subdivisiones dentro de ellas. Su presentación en un solo mapa a todo color fue muy innovadora para la época, proporcionando una síntesis de la distribución geográfica de la biodiversidad terrestre, principalmente de animales, que sigue estando vigente hoy en día.

Para su trabajo solo utilizó familias de vertebrados terrestres, incluyendo todos los géneros, ya que según su consideración aportaban datos más representativos que los referidos a otros grupos. También estudió los mamíferos ya extinguidos, tratando todo el estudio bajo un enfoque evolutivo.

Las seis zoorregiones reconocidas por Wallace:

- Paleártica: Europa, norte de Asia y norte de África
- Etiópica: África subsahariana y Madagascar
- Oriental: Sur de Asia y mitad oriental del archipiélago malayo
- Australiana: Australia, mitad occidental del archipiélago malayo y la mayoría de las islas del Pacífico
- Neotropical: Sudamérica, Mesoamérica, e islas del Caribe
- Neártica: Norteamérica

In his work *The Geographic Distribution of Animals, Wallace* addresses the biogeographical regionalization at a global level, which, according to him, would allow for the mapping of islands and continents from past eras. Starting with the major zoogeographical classes proposed by Philip L. Sclater (1829-1913) in his 1858 article, Wallace uses his observations and extensive knowledge of the distribution of species, genera, and families to outline the boundaries of the world's major zoogeographical regions, as well as some subdivisions within them.

His presentation of this information in a single full-color map was highly innovative for his time, providing a synthesis of the geographical distribution of terrestrial biodiversity, primarily of animals, which remains relevant today. For his work, he only used families of terrestrial vertebrates, including all genera, as he believed they provided more representative data than other groups. He also studied extinct mammals, approaching the entire study from an evolutionary perspective.

The six zooregions recognized by Wallace were:

- Palearctic: Europe, northern Asia, and northern Africa.
- Ethiopian: Sub-Saharan Africa and Madagascar.
- Oriental: Southern Asia and the eastern part of the Malay Archipelago.
- Australian: Australia, the western part of the Malay Archipelago, and most Pacific islands.
- Neotropical: South America, Mesoamerica, and Caribbean islands.
- Nearctic: North America.

Regiones biogeográficas / Biogeographical Regions

Las seis zooregiones reconocidas por Wallace: PALEÁRTICA (Europa, norte de Asia y norte de África), ETIÓPICA (África subsahariana y Madagascar), ORIENTAL (Sur de Asia y mitad oriental del archipiélago malayo), AUSTRALIANA (Australia, mitad occidental del archipiélago malayo y la mayoría de las islas del Pacífico), NEOTROPICAL (Sudamérica, Mesoamérica, e islas del Caribe), NEÁRTICA (Norteamérica).

The six zooregions recognized by Wallace were: PALEARCTIC (Europe, northern Asia, and northern Africa), ETHIOPIAN (Sub-Saharan Africa and Madagascar), ORIENTAL (Southern Asia and the eastern part of the Malay Archipelago), AUSTRALIAN (Australia, the western part of the Malay Archipelago, and most Pacific islands), NEOTROPICAL (South America, Mesoamerica, and Caribbean islands), NEARCTIC (North America).

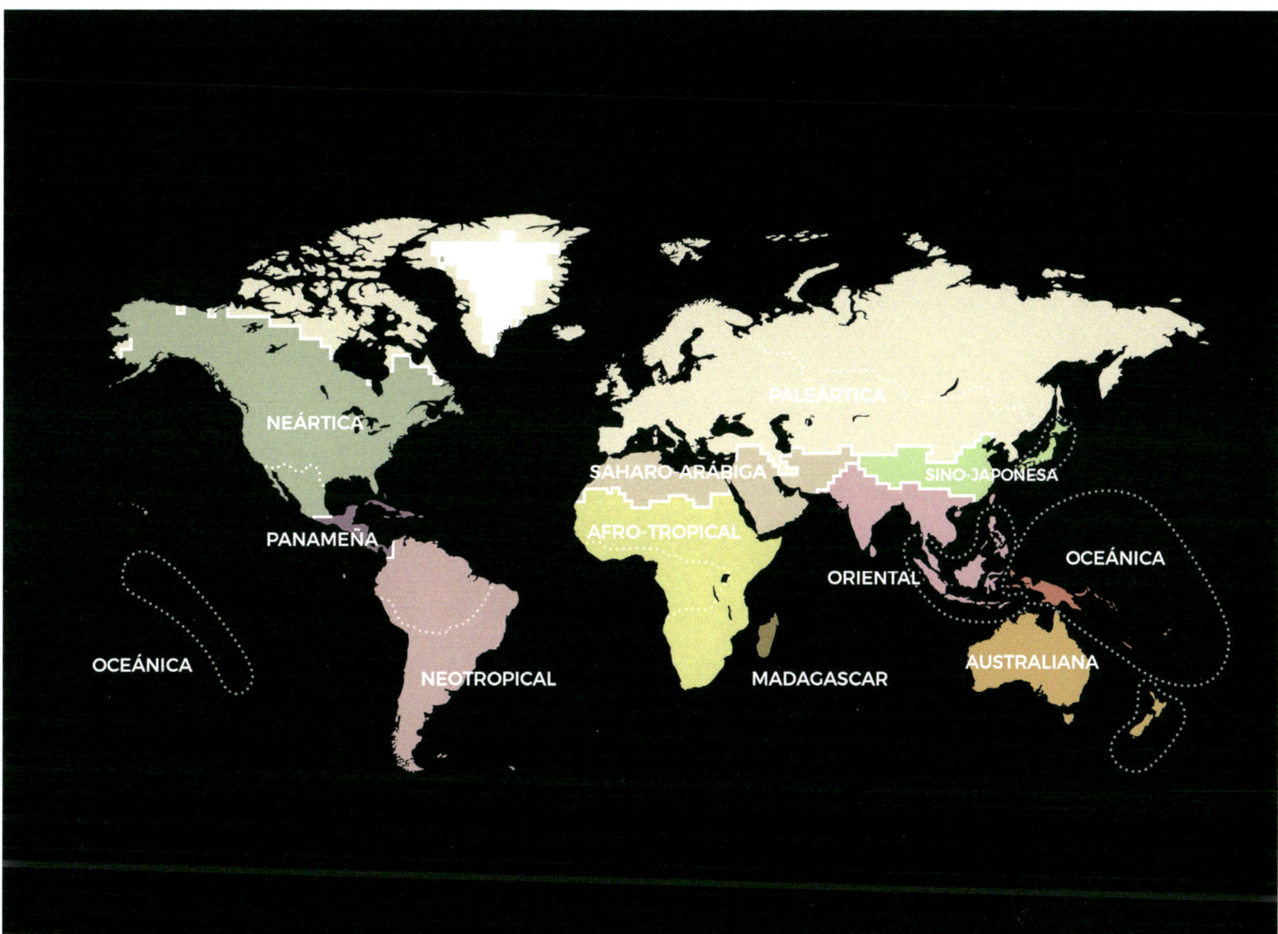

Un estudio reciente en el que han participado investigadores del MNCN-CSIC, actualiza el análisis zoogeográfico de Wallace. Basado en 21.037 especies de anfibios, aves y mamíferos, el estudio incluye datos no solo de distribuciones geográficas sino también relaciones filogenéticas entre las especies, e identifica 20 regiones zoogeográficas agrupadas en 11 zonas principales.

Figura modificada del trabajo de Holt y colaboradores (2013) *Science*

A recent study involving MNCN-CSIC scientists, provides an update of Wallace's zoogeographic analysis. Based on 21,037 species of amphibians, birds, and mammals, the study included data not only on geographic distributions but also phylogenetic relationships between species. It identified 20 zoogeographic regions grouped into 11 main realms.

Figure modified from the work by Holt and colleagues (2013) in *Science*

Regiones biogeográficas / Biogeographical Regions

Praderas americanas con mamíferos caract
The American Prairies, with characteristic
(Región Neártica/Nearctic Region)

Bosque brasileño con mamíferos característicos /
A Brazilian forest with charasteristic Mammalia
(Región Neotropical /Neotropical Region)

Escena en el oeste de África co
Scene in West Africa with char
(Región Etiópica/ Ethiopian R

/
ia

Alpes de Europa central con animales característicos /
/The Alpes of Central Europe with characteristic animals
(Región Paleártica/Palearctic Region)

Bosque de Borneo con mamíferos característicos /
A Forest in Borneo with characteristic animals
(Región Oriental/ Oriental Region)

característicos /
imals

Llanuras de Nuevo Gales del Sur con animales característicos /
The planes of New South Wales with characteristic animals
(Región Australiana/ Australian Region)

La Línea de Wallace / Wallace's Line

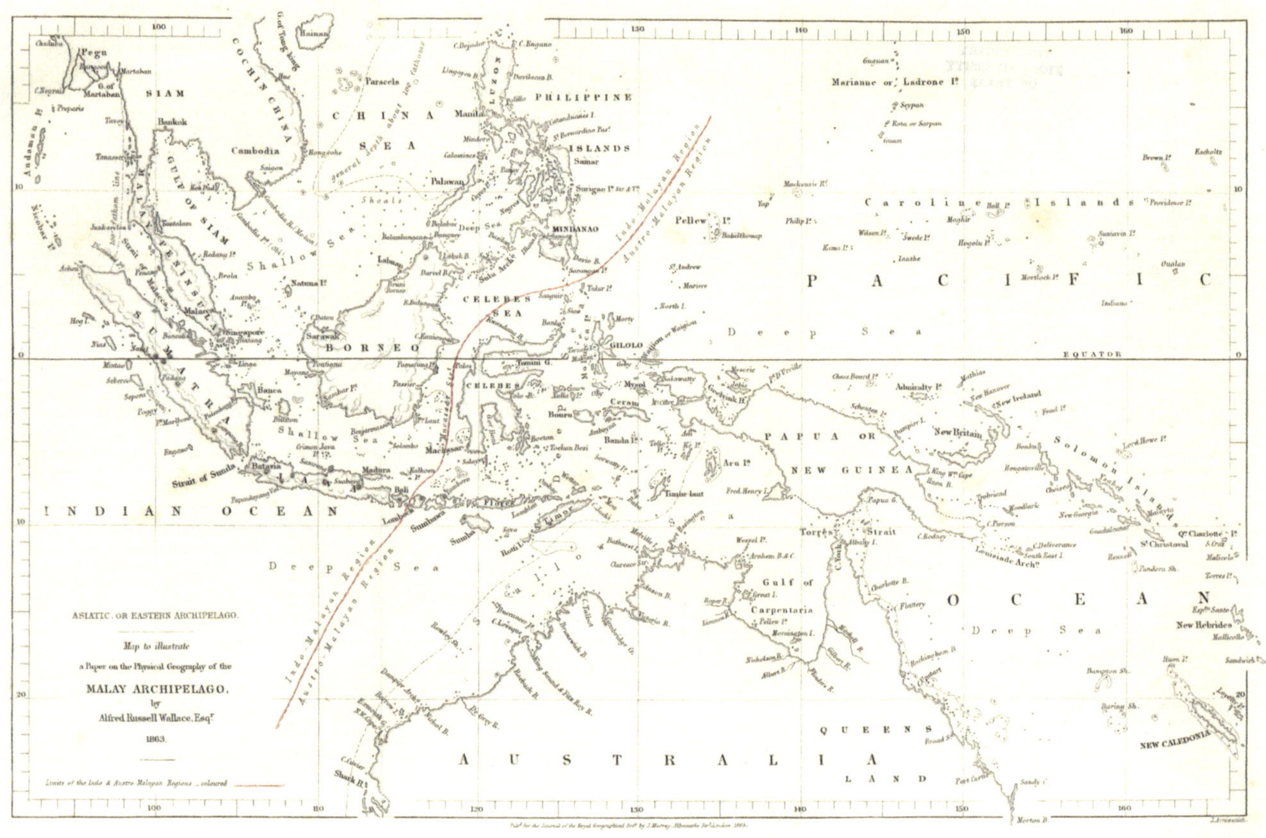

Mapa del archipiélago malayo realizado por Wallace. La línea de Wallace en rojo / Map of the Malay Archipelago by Wallace. Wallace's Line is shown in red

Durante su estancia en Bali y Lombok, islas separadas por un estrecho de apenas 30 kilómetros, Wallace comprobó que muchas especies de aves presentes en Bali, pero también en la India, Java y Borneo, no existían sin embargo en la vecina Lombok, ni las Célebes y otras islas orientales. Igualmente, en Bali había mamíferos placentarios propios de Asia mientras que en Lombok había marsupiales, propios de Australia. Wallace también constató que la profundidad entre Bali y Lombok era mucho mayor que la que existía entre las otras islas de la región y estableció una línea que separaba una fauna de características asiáticas al oeste de otra similar a la australiana al este, que pasaba por el

During his stay on Bali and Lombok, two islands separated by a narrow strait of just 30 kilometers, Wallace observed that many bird species present in Bali, as well as in India, Java, and Borneo, were absent on neighboring Lombok, as well as on the Celebes and other eastern islands. Additionally, in Bali, there were placental mammals typical of Asia, while Lombok had marsupials, characteristic of Australia. Wallace also noted that the depth between Bali and Lombok was much greater than that between other islands in the region. He drew a line that separated the fauna of Asian characteristics to the west from that similar to Australian fauna to the east, passing through the strait

estrecho entre Bali y Lombok y continuaba entre Borneo y Sulawesi (Islas Célebes).

Wallace propuso entonces que la parte occidental era una porción separada de Asia continental y la oriental la prolongación fragmentaria de un antiguo continente del Pacífico. Esta línea divisoria fue nombrada por el biólogo Thomas Henry Huxley (1825-1895) "*Línea de Wallace*" en su honor en 1868.

La explicación completa la aportaron décadas más tarde las evidencias sobre el impacto de los ciclos climáticos sobre el nivel del mar, y el desarrollo de la teoría de la deriva continental de Alfred Wegener (1880-1930), más tarde ampliada a través de la teoría de la tectónica de placas.

between Bali and Lombok and continuing between Borneo and Sulawesi (Celebes).

Wallace proposed that the western part was a separate portion of the Asian continent, and the eastern part was the fragmented extension of an ancient Pacific continent. This dividing line was later named *the Wallace Line* in his honor by biologist Thomas Henry Huxley (1825-1895) in 1868.

A more complete explanation was provided decades later through scientific evidence of the impact of climate cycles on sea levels and the development of the theory of continental drift by Alfred Wegener (1880-1930), later expanded through the theory of plate tectonics.

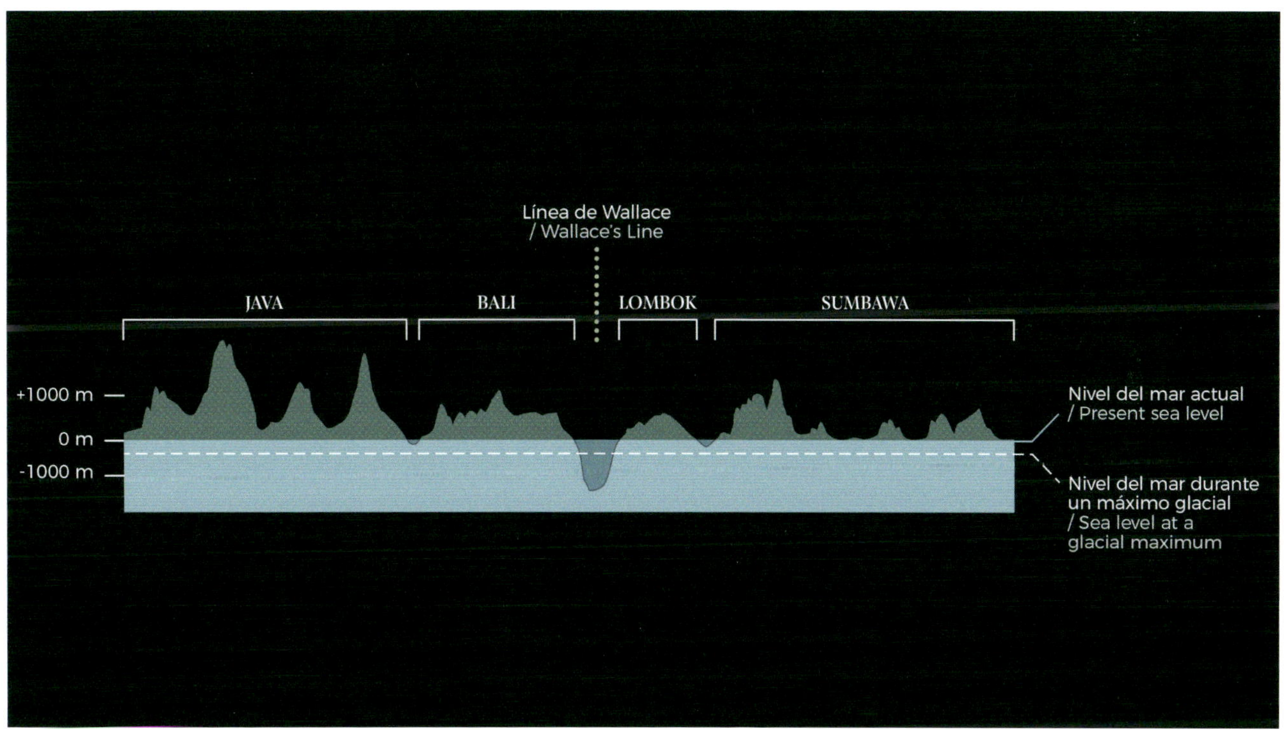

La profunda fosa marina que separa Bali y Lombok explica que al bajar el nivel del mar durante las glaciaciones, ambas islas permanecieran separadas por un canal de agua marina, manteniendo separadas las faunas de Asia y Oceanía en las islas Sunda.

Due to the deep marine trench between Bali and Lombok, both islands remained separated by a channel of seawater when sea level dropped during glacial periods, keeping the faunas of Asia and Oceania separate along the Sunda Islands.

La Línea de Wallace / Wallace's Line

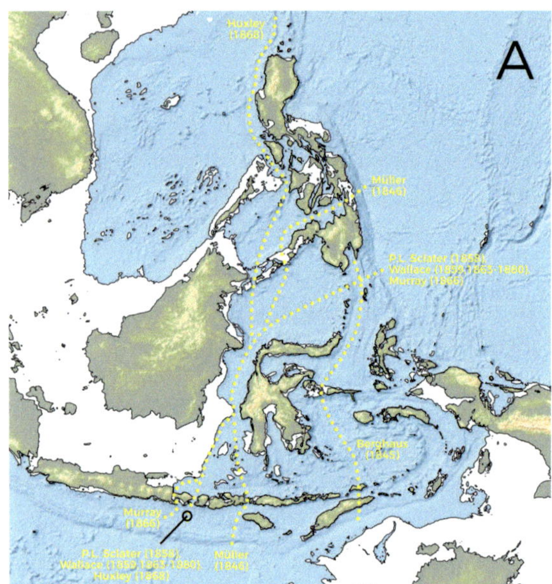

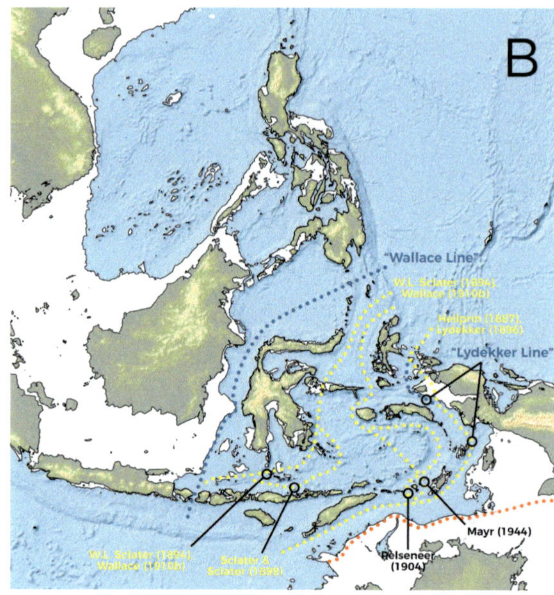

Gráficos basados en el trabajo de Jason R. Ali & Lawrence R. Heaney (2021) *Biological Reviews.*
Graphics based on the work by Jason R. Ali & Lawrence R. Heaney (2021) *Biological Reviews.*

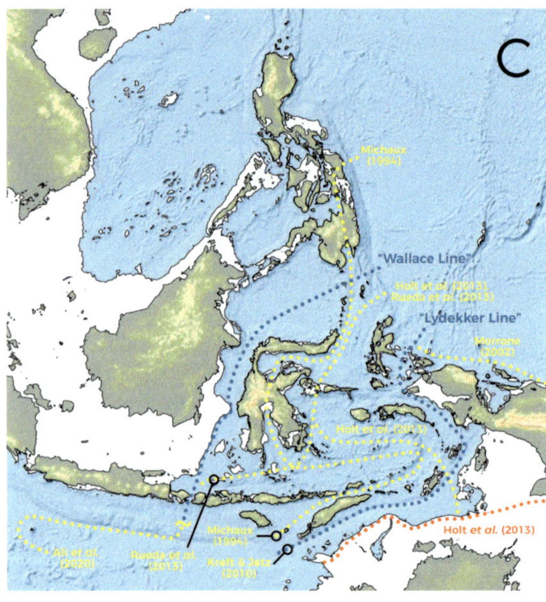

Desde las observaciones de Wallace a mediados del siglo XIX, las líneas biogeográficas que limitan las faunas de Asia y Oceanía en la región de Wallacea han recibido la atención de numerosos especialistas, que han propuesto líneas distintas en base a los avances en el conocimiento de las distribuciones de las especies de distintos grupos taxonómicos estudiados.

A) Líneas propuestas entre 1845 y 1880,
B) Líneas propuestas entre 1887 y 1944,
C) Líneas propuestas desde finales del siglo XX hasta la actualidad.

En las figuras, las regiones coloreadas en blanco entre regiones emergentes (en verde) representan áreas del fondo marino a profundidades inferiores a 120 m y que habrían estado expuestas durante periodos glaciales en los últimos 630.000 años.

Since Wallace's observations in the mid-19th century, the biogeographic lines that delimit the faunas of Asia and Oceania in the Wallacea region have received the attention of numerous specialists, who have proposed different lines based on new knowledge of species distributions in various taxonomic groups studied.

A) Lines proposed between 1845 and 1880,
B) Lines proposed between 1887 and 1944,
C) Lines proposed from the late 20th century to the present.

In the figures, the white-colored regions between land masses (in green) represent seafloors at depths under 120 meters, which would have been exposed during glacial periods in the last 630,000 years.

Mariposas (Lepidoptera) e insectos palo (Phasmida) / Butterflies (Lepidoptera) and stick insects (Phasmida)
Asia (al oeste de la Línea de Wallace). Colección de Entomología MNCN

Mariposas (Lepidoptera) e insectos palo (Phasmida) / Butterflies (Lepidoptera) and stick insects (Phasmida)
Oceanía (al este de la Línea de Wallace). Colección de Entomología MNCN

Sala inmersiva/Immersive room

Wallace y la evolución
Wallace and Evolution

La Ley de Sarawak / Sarawak's Law

Basándose principalmente en sus observaciones biogeográficas, Wallace escribió su primer artículo sobre evolución desde Sarawak (Borneo) en 1855. Se titulaba *Sobre la ley que ha regulado la introducción de nuevas especies* y se publicó en *Annals and Magazine of Natural History*, de Londres. Según esta ley "Todas las especies han comenzado a existir coincidiendo en el tiempo y en el espacio con una especie preexistente y estrechamente relacionada". Esta hipótesis visionaria se anticipa en más de un siglo a la primera ley de la geografía, enunciada por Waldo Tobler en 1970: "*T*odas las cosas están relacionadas entre sí, pero las cosas más próximas en el espacio tienen una relación mayor que las distantes". Además, en este trabajo hacía referencia a la extinción de las especies y a la descendencia con modificación. Y al igual que Darwin, comparaba las relaciones entre las especies actuales y sus ancestros con el tronco y las ramas principales y

Based primarily on his biogeographical observations, Wallace wrote his first article on evolution from Sarawak (Borneo) in 1855. It was titled *On the Law which has regulated the Introduction of New Species* and was published in the Annals and Magazinc of Natural History in London. According to this law, "Every species has come into existence coincident both in space and time with a pre-existing closely allied species." This visionary hypothesis anticipated the first law of geography, formulated by Waldo Tobler in 1970: "Everything is related to everything else, but near things are more related than distant things."

In this work, Wallace also referred to species extinction and descent with modification. Like Darwin, he compared the relationships between current species and their ancestors to the main trunk and secondary branches of a tree. The eminent geologist Charles Lyell read Wallace's text and alerted his friend Darwin about the evolutionary ideas

secundarias de un árbol. El eminente geólogo Charles Lyell leyó el texto de Wallace y alertó a su amigo Darwin sobre las ideas evolutivas plasmadas en el artículo, tan cercanas a las suyas e instó una vez más a Darwin a publicar su teoría. Sin embargo, Darwin, confiado, pareció no percatarse del carácter evolutivo del texto y según sus anotaciones en el margen del artículo lo malinterpretó como eminentemente creacionista a pesar de ser lo contrario.

Wallace resumía así el contenido de su artículo:

1. Los grupos grandes, como clases y órdenes, generalmente se distribuyen por toda la Tierra, mientras que los más pequeños, como familias y géneros, a menudo están confinados a una parte, a menudo a un distrito muy limitado.
2. En las familias ampliamente distribuidas, los géneros a menudo tienen un rango limitado; en los géneros ampliamente distribuidos, grupos bien definidos de especies son específicos de cada distrito geográfico.
3. Cuando un grupo está confinado a un solo distrito y es rico en especies, casi invariablemente ocurre que las especies más estrechamente relacionadas se encuentran en la misma localidad o en localidades cercanas, por lo que la secuencia natural de las especies por afinidad también es geográfica.
4. En países con climas similares pero separados por un mar amplio o montañas elevadas, las familias, géneros y especies de uno a menudo están representados por familias, géneros y especies estrechamente relacionados que son propios del otro.
5. La distribución del mundo orgánico en el tiempo es muy similar a su distribución actual en el espacio.
6. La mayoría de los grupos grandes y algunos pequeños se extienden a través de varios períodos geológicos.
7. En cada período, sin embargo, hay grupos concretos que no se encuentran en ningún otro lugar y que se extienden a través de una o varias formaciones geológicas.
8. Las especies de un género o los géneros de una familia que se dan en el mismo tiempo geológico están más estrechamente relacionadas que aquellos separados en el tiempo.
9. Al igual que en geografía, donde ninguna especie o género existe en dos localidades muy distantes sin encontrarse también en lugares intermedios, en geología la vida de una especie o género no se ve interrumpida. En otras palabras, ningún grupo o especie ha aparecido dos veces.
10. La siguiente ley se puede deducir de estos hechos: Cada especie ha llegado a existir coincidentemente tanto en el espacio como en el tiempo con una especie preexistente estrechamente relacionada.

Aeschynanthus de Sarawak / *Aeschynanthus* from Sarawak

Borneo.
Flowers brilliant crimson scarlet, tube yellow.
Leaves in fours with a ring of
Aeschynanthus sp.

presented in the article, which closely resembled Darwin's own ideas. However, Darwin, seemingly confident, appeared to misinterpret the text as predominantly creationist, despite it being the opposite.

Wallace summarized the content of his article as follows:

1. Large groups, such as classes and orders, are generally spread over the whole earth, while smaller ones, such as families and genera, are frequently confined to one portion, often to a very limited district.
2. In widely distributed families the genera are often limited in range; in widely distributed genera, well marked groups of species are peculiar to each geographical district.
3. When a group is confined to one district, and is rich in species, it is almost invariably the case that the most closely allied species are found in the same locality or in closely adjoining localities, and that therefore the natural sequence of the species by affinity is also geographical.
4. In countries of a similar climate, but separated by a wide sea or lofty mountains, the families, genera and species of the one are often represented by closely allied families, genera and species peculiar to the other.
5. The distribution of the organic world in time is very similar to its present distribution in space.
6. Most of the larger and some small groups extend through several geological periods.
7. In each period, however, there are peculiar groups, found nowhere else, and extending through one or several formations.
8. Species of one genus, or genera of one family occurring in the same geological time, are more closely allied than those separated in time.
9. As generally in geography no species or genus occurs in two very distant localities without being also found in intermediate places, so in geology the life of a species or genus has not been interrupted. In other words, no group or species has come into existence twice.
10. The following law may be deduced from these facts: – *Every species has come into existence coincident both in space and time with a pre-existing closely allied species.*

184 Mr. A. R. Wallace *on the Law which has regulated*

XVIII.—*On the Law which has regulated the Introduction of New Species.* By Alfred R. Wallace, F.R.G.S.

Every naturalist who has directed his attention to the subject of the geographical distribution of animals and plants, must have been interested in the singular facts which it presents. Many of these facts are quite different from what would have been anticipated, and have hitherto been considered as highly curious, but quite inexplicable. None of the explanations attempted from the time of Linnæus are now considered at all satisfactory; none of them have given a cause sufficient to account for the facts known at the time, or comprehensive enough to include all the new facts which have since been, and are daily being added. Of late years, however, a great light has been thrown upon the subject by geological investigations, which have shown that the present state of the earth, and the organisms now inhabiting it, are but the last stage of a long and uninterrupted series of changes which it has undergone, and consequently, that to endeavour to explain and account for its present condition without any reference to those changes (as has frequently been done) must lead to very imperfect and erroneous conclusions.

The facts proved by geology are briefly these:—That during an immense, but unknown period, the surface of the earth has undergone successive changes; land has sunk beneath the ocean, while fresh land has risen up from it; mountain chains have been elevated; islands have been formed into continents, and continents submerged till they have become islands; and these changes have taken place, not once merely, but perhaps hundreds, perhaps thousands of times:—That all these operations have been more or less continuous, but unequal in their progress, and during the whole series the organic life of the earth has undergone a corresponding alteration. This alteration also has been gradual, but complete; after a certain interval not a single species existing which had lived at the commencement of the period. This complete renewal of the forms of life also appears to have occurred several times:—That from the last of the Geological epochs to the present or Historical epoch, the change of organic life has been gradual: the first appearance of animals now existing can in many cases be traced, their numbers gradually increasing in the more recent formations, while other species continually die out and disappear, so that the present condition of the organic world is clearly derived by a natural process of gradual extinction and creation of species from that of the latest geological periods. We may therefore safely infer a like gradation and natural sequence from one geological epoch to another.

Sobre la ley que ha regulado la introducción de nuevas especies
On the Law which has regulated the Introduction of New Species.
Alfred Russel Wallace. *Annals and Magazine of Natural History*, 1855.

Rana voladora de Sarawak /
Flying frog from Sarawak

Rhacophorus. n. s.
Tree frog. Sarawak.
(a little under nat. size).
Back & limbs dark green, beneath & inner toes
yel. web black at base, yellow rayed at margin
legs not at all banded, glossy dark uniform
green.

La carta de Wallace y el manuscrito de Ternate

En 1858, durante un proceso febril en la isla de Ternate, Wallace concibe la idea de la selección natural como el mecanismo que regula la evolución de las especies. En cuanto se recupera, plasma su idea en un breve ensayo y se lo envía a Darwin. En su carta, Wallace le pide a Darwin que si lo encuentra oportuno le haga llegar su escrito a Lyell para su posible publicación, pues, aunque no le conocía, sabía que al geólogo le había interesado su artículo de Sarawak.

Cuando Darwin lee el texto de Wallace comprueba consternado la extraordinaria coincidencia entre su propia teoría y la del joven naturalista. "Toda mi originalidad, cualquiera que fuera, será aplastada..." le confesó a Lyell en una carta. Precisamente para preservar su prioridad, Lyell y Hooker pasan a la acción y solicitan al presidente de la Sociedad Linneana de Londres, la más prestigiosa asociación científica de la época, la presentación conjunta del ensayo de Wallace y dos escritos de Darwin que

In 1858, during a feverish spell on the island of Ternate, Wallace conceived the idea of natural selection as the mechanism that regulates species' evolution. As soon as he recovered, he put his idea into a brief essay and sent it to Darwin. In his letter, Wallace asked Darwin to consider sending his essay to Lyell for possible publication, as he knew that the geologist had been interested in his Sarawak article.

When Darwin read Wallace's text, he was dismayed by the remarkable coincidence between Wallace's theory and his own. He confessed to Lyell in a letter, "Your words have

[*From the* JOURNAL *of the* PROCEEDINGS OF THE LINNEAN SOCIETY *for August* 1858.]

On the Tendency of Species to form Varieties; and on the Perpetuation of Varieties and Species by Natural Means of Selection. By CHARLES DARWIN, Esq., F.R.S., F.L.S., & F.G.S., and ALFRED WALLACE, Esq. Communicated by Sir CHARLES LYELL, F.R.S., F.L.S., and J. D. HOOKER, Esq., M.D., V.P.R.S., F.L.S., &c.

[Read July 1st, 1858.]

London, June 30th, 1858.

MY DEAR SIR,—The accompanying papers, which we have the honour of communicating to the Linnean Society, and which all relate to the same subject, viz. the Laws which affect the Production of Varieties, Races, and Species, contain the results of the investigations of two indefatigable naturalists, Mr. Charles Darwin and Mr. Alfred Wallace.

These gentlemen having, independently and unknown to one another, conceived the same very ingenious theory to account for the appearance and perpetuation of varieties and of specific forms on our planet, may both fairly claim the merit of being original thinkers in this important line of inquiry; but neither of them having published his views, though Mr. Darwin has for many years past been repeatedly urged by us to do so, and both authors having now unreservedly placed their papers in our hands, we think it would best promote the interests of science that a selection from them should be laid before the Linnean Society.

Taken in the order of their dates, they consist of:—

1. Extracts from a MS. work on Species*, by Mr. Darwin, which was sketched in 1839, and copied in 1844, when the copy was read by Dr. Hooker, and its contents afterwards communicated to Sir Charles Lyell. The first Part is devoted to "The Variation of Organic Beings under Domestication and in their Natural State;" and the second chapter of that Part, from which we propose to read to the Society the extracts referred to, is headed, "On the Variation of Organic Beings in a state of Nature; on the Natural Means of Selection; on the Comparison of Domestic Races and true Species."

2. An abstract of a private letter addressed to Professor Asa Gray, of Boston, U.S., in October 1857, by Mr. Darwin, in which

* This MS. work was never intended for publication, and therefore was not written with care.—C. D. 1858.

Sobre la tendencia de las especies a formar variedades, y de la perpetuación de variedades y especies por medios naturales de selección de Charles Darwin & Alfred Wallace. Artículo que refiere la lectura de dos trabajos científicos que tuvo lugar en la Sociedad Linneana de Londres el 1 de julio de 1858. Consta de un extracto de un ensayo sin publicar de Darwin de 1844 y el artículo de Alfred Wallace *Sobre la tendencia de las variedades a divergir indefinidamente del tipo original.* El artículo también incluye el resumen de una carta de Darwin a Asa Gray y la carta de introductoria (en la imagen) de Joseph Dalton Hooker and Charles Lyell. Publicado por la *Revista de la Sociedad Linneana* el 20 de agosto de 1858.

On the Tendency of Species to form Varieties; and on the Perpetuation of Varieties and Species by Natural Means of Selection by Charles Darwin & Alfred Wallace. Presentation of two scientific papers to the Linnean Society of London on 1 July 1858: An Extract from an unpublished Work on Species from Charles Darwin's Essay of 1844 and the article *On The Tendency of Varieties to Depart Indefinitely from the Original Type* by Alfred Russel Wallace. The article also includes an Abstract of a Letter from Darwin to Asa Gray, and an introductory letter by Joseph Dalton Hooker and Charles Lyell. Published on the *Journal of the Proceedings of te Linnean Society* on 20 August de 1858

demostraban que había formulado esa misma teoría veinte años antes, y que recopilaba datos para apoyarla desde entonces. La sesión en la que se leyeron los trabajos de ambos tiene lugar el 1 de julio de 1858, aunque ninguno de los dos autores asiste. Wallace sigue en Nueva Guinea, y ni siquiera ha sido informado de la presentación, y Darwin acaba de perder a su hijo menor Charles Waring. El 20 de agosto de ese año se publican los dos trabajos en la *Revista de la Sociedad Linneana*, bajo el título *Sobre la tendencia de las variedades a divergir indefinidamente del tipo original.*

A pesar de lo poco ortodoxo del proceso de publicación, Wallace siempre se mostró agradecido a Darwin, Lyell y Hooker por su proceder, y nunca mostró malestar alguno por la forma en que su manuscrito fue publicado. Siempre aceptó la prioridad de Darwin, y publicar con él siendo tan joven le ganó gran prestigio entre las élites científicas del momento.

El artículo de Wallace fue sin duda el estímulo definitivo para que Darwin se decidiese a publicar su gran obra, si bien con dimensiones más reducidas de las que tenía previstas. Y efectivamente al año siguiente, 1859, se publicó *El origen de las especies*, que en su primera edición llevaba como título *Sobre el origen de las especies por medio de la selección natural, o la preservación de las razas favorecidas en la lucha por la vida.*

come true with a vengeance that I should be forestalled... I never saw a more striking coincidence... So all my originality, whatever it may amount to, will be smashed."

To preserve Darwin's priority, Lyell and Hooker took action and requested that the president of the Linnean Society of London present Wallace's essay alongside two writings by Darwin, demonstrating that he had formulated the same theory twenty years earlier and had been collecting data to support it ever since. The session in which both works were presented took place on July 1, 1858, although neither of the two authors attended. Wallace was still in New Guinea and had not even been informed of the presentation, while Darwin had just lost his youngest son, Charles Waring. On August 20 of that year, both papers were published in the *Linnean Society's* journal under the title *On the Tendency of Species to Form Varieties; and on the Perpetuation of Varieties and Species by Natural Means of Selection.*

Despite the unorthodox publication process, Wallace always showed gratitude to Darwin, Lyell, and Hooker for their actions and never expressed any discomfort with how his manuscript was published. He accepted Darwin's priority, and publishing with him at such a young age earned him great prestige among the scientific elites of the time.

Salón de Actos de la Linnean Society / Linnean Society Assembly Hall

Isla de Ternate / Ternate Island.
Rappard. 1883

La carta de Wallace y el manuscrito de Ternate

Tus palabras se han hecho realidad con creces respecto a ser adelantado... Nunca vi una coincidencia más sorprendente... Así que toda mi originalidad, sea cual fuere su importancia, será aplastada.

Darwin, en una carta a Lyell

Your words have more than come true about being overtaken... I have never seen a more surprising coincidence... So all my originality, whatever its importance, will be crushed.

Darwin, in a letter to Lyell

En este cuadro, Victor Evstaf'ev representa la escena en que Charles Darwin lee consternado la carta que Alfred Wallace le envió desde Ternate en 1858. En ella, el joven naturalista le transmitía sus ideas sobre la evolución por selección natural, muy similares a las suyas. Charles Lyell y Joseph Hooker le acompañan, preocupados al ver peligrar la prioridad científica de Darwin

In this painting, Victor Evstaf'ev portrays the momento when Charles Darwin reads the letter sent to him by Alfred Wallace from Ternate in 1858. In it, the Young naturalist communicates to Darwin his ideas about evolution by natural selection, very similar to his own. Charles Lyell and Joseph Hooker share the scene, concerned about Darwin's threatened scientific priority.

"Charles Darwin (1809–1882), with Sir Charles Lyell (1797–1875), and Joseph D. Hooker (1817–1911)". Victor Evstaf'ev (1916–1989)

Wallace's letter and the Ternate manuscript

En esta carta Wallace responde a Hooker agradeciéndole sus gestiones para la publicación conjunta de su artículo de Ternate junto a documentos de Darwin en la Linnean Society de Londres. Esa publicación permitió a Darwin mantener su prioridad científica.

Ternate, Moluccas, 6 oct. 1858

Mi querido Señor,

Me permito agradecer la recepción de su carta del pasado julio, enviada por el Sr. Darwin, e informándome de las gestiones que han llevado a cabo en relación con un ensayo que le comuniqué a ese caballero. Permítame, en primer lugar, expresar mi sincero agradecimiento tanto a usted como al Sr. Charles Lyell por su amabilidad en esta ocasión, y asegurarle la satisfacción que me ha proporcionado tanto el camino que han seguido como las opiniones favorables expresadas amablemente sobre mi ensayo. No puedo evitar considerarme afortunado en este asunto, porque hasta ahora ha sido demasiado común en casos como este imputar todo el mérito al primer descubridor de un nuevo hecho o una nueva teoría y muy poco o nada a cualquier otra parte que, de manera completamente independiente, pudo haber llegado al mismo resultado unos años o unas horas más tarde. [...] Me habría causado mucho dolor y pesar si la generosidad excesiva del Sr. Darwin lo hubiera llevado a hacer público mi ensayo sin acompañarlo de sus propias opiniones mucho más tempranas y, sin duda, mucho más completas sobre el mismo tema. Debo agradecerle nuevamente por el camino que ha adoptado, que, siendo estrictamente justo para ambas partes, me beneficia tanto.

Estoy a punto de emprender un nuevo viaje y no puedo añadir nada más que darle las gracias por su amable consejo de regresar pronto a Inglaterra. Sin embargo, estoy seguro de que usted sabe y siente que persuadir a un naturalista a abandonar sus investigaciones en el punto más interesante requiere argumentos más persuasivos que la pérdida prospectiva de salud.

Permanezco | Mi querido señor | Muy sinceramente suyo
Alfred R. Wallace

Ternate, Moluccas, Oct. 6. 1858.

My dear Sir

I beg leave to acknowledge the receipt of your letter of July last, sent me by Mr. Darwin, & informing me of the steps you had taken with reference to a paper I had communicated to that gentleman. Allow me in the first place sincerely to thank yourself & Sir Charles Lyell for your kind offices on this occasion, & to assure you of the gratification afforded me both by the course you have pursued & the favourable opinions of my essay which you have so kindly expressed. I cannot but consider myself a favoured party in this matter, because it has hitherto been too much the practice in cases of this sort to impute all the merit to the

La carta de Wallace y el manuscrito de Ternate

In this letter, Wallace responds to Hooker, thanking him for his efforts in jointly publishing his Ternate paper with Darwin's documents in the Linnean Society of London. This publication allowed Darwin to maintain his scientific priority. Facsimile.

Ternate, Moluccas, Oct. 6. 1858

My dear Sir

I beg leave to acknowledge the receipt of your letter of July last, sent me by Mr. Darwin, & informing me of the steps you had taken with reference to a paper I had communicated to that gentleman. Allow me in the first place sincerely to thank yourself & Sir Charles Lyell for your kind offices on this occasion, & to assure you of the gratification afforded me both by the course you have pursued & the favourable opinions of my essay which you have so kindly expressed. I cannot but consider myself a favoured party in this Matter, because it has hitherto been too much the practice in cases of this sort to impute all the merit to the first discoverer of a new fact or a new theory, & little or none to any other party who may, quite independently, have arrived at the same result a few years or a few hours later. [...]. It would have caused me much pain & regret had Mr. Darwin's excess of generosity led him to make public my paper unaccompanied by his own much earlier & I doubt not much more complete views on the same subject, & I must again thank you for the course you have adopted, which while strictly just to both parties, is so favourable to myself.

Being on the eve of a fresh journey I can now add no more than to thank you for your kind advice as to a Speedy return to England; but I dare say you well know & feel, that to induce a Naturalist to quit his researches at their most interesting point requires some more cogent argument than the prospective loss of health.

I remain | My dear Sir | Yours very sincerely

Alfred R. Wallace

first discoverer of a new fact or a
new theory, & little or none to any
other party who may, quite independently,
have arrived at the same results a
few years or a few hours later.
I also look upon it as a most fortunate
circumstance that I had a short time ago
commenced a correspondence with Mr.
Darwin on the subject of "Varieties", since
it has led to the earlier publication
of a portion of his researches & has
secured to him a claim to priority
which an independent publication either
by myself or some other party might
have injuriously affected; — for it is evident
that the time has now arrived when these
& similar views will be promulgated
must be & fairly discussed.
It would have caused me much

pain & regret had Mr. Darwin's excess of generosity led him to make public my paper unaccompanied by his own much earlier & I doubt not much more complete views on the same subject, & I must again thank you for the course you have adopted, which while strictly just to both parties, is so favourable to myself.

Being on the eve of a fresh journey I can now add no more than to thank you for your kind advice as to a speedy return to England;– but I dare say you well know & feel, that to induce a Naturalist to quit his researches at their most interesting point requires some more cogent argument than the prospective loss of health. I remain

My dear Sir

Yours very sincerely

J. D. Hooker M.D.

Alfred R. Wallace

El regreso a Inglaterra / Return to England

Thomas Henry Huxley

In 1862, Wallace returned to England, where he quickly became part of a select circle of eminent British naturalists and scientists. Among others, he had cordial relationships with biologist and philosopher Thomas Henry Huxley, geologist Charles Lyell, botanists Richard Spruce (whom he had met in South America), and Joseph Hooker, and, of course, with Darwin.

Initially, Wallace's income upon his return was based on the sales of the collections he had sent from the Malay Archipelago. He also contributed to scientific journals and tried unsuccessfully to secure stable employment. In 1866, he married Annie, the twenty-year-old daughter of

En 1862 Wallace vuelve a Inglaterra donde enseguida entró a formar parte de un selecto círculo de eminentes naturalistas y científicos británicos. Entre otros, mantuvo relaciones cordiales con el biólogo y filósofo Thomas Henry Huxley, el geólogo Charles Lyell, el botánico Richard Spruce, con el que había coincidido en Sudamérica, el también botánico Joseph Hooker y, por supuesto, con Charles Darwin.

La economía de Wallace a su regreso se basó en un principio en lo que obtenía de las ventas de las colecciones que había enviado desde el archipiélago malayo. Además, colaboraba en revistas científicas e intentó en diversas ocasiones conseguir un trabajo estable, aunque no lo consiguió. Se casó en 1866 con Annie, la hija veinteañera de William Mitten, farmacéutico y naturalista que había conocido a través de Spruce.

La merma de sus recursos económicos, sobre todo después del nacimiento de sus hijos Herbert (1868) y posteriormente Violet (1869), le impulsó a escribir el relato de su experiencia en el archipiélago malayo. Contra todo pronóstico el libro titulado *El archipiélago malayo: la tierra del orangután y del ave del paraíso*, fue todo un éxito editorial.

Wallace con su hijo Bertie / Wallace and his son Bertie

Wallace y su mujer Annie / Wallace an his wife Annie

William Mitten, a pharmacist and naturalist he had met through Spruce. The decline in his financial resources, especially after the birth of their children Herbert (1868) and later Violet (1869), prompted him to write an account of his experience in the Malay Archipelago. Against all odds, the book titled *The Malay Archipelago: The Land of the Orangutan and the Bird of Paradise*, became a bestseller.

Despacho de Wallace en Old Orchard, Broadstone, Dorset / Wallace's study in Old Orchard, Broadstone, Dorset

Reconocimiento mutuo / Mutual recognition

Darwin se dio prisa en publicar *El origen de las especies*, que apareció en 1859, al año siguiente de recibir el manuscrito de Wallace desde Ternate. La relación entre ambos científicos fue siempre cordial y de reconocimiento mutuo. De hecho, en 1889 Wallace tituló *Darwinism* el libro en el que revisa y actualiza su pensamiento evolutivo. También está dedicada a Darwin su obra *El archipiélago malayo.* Darwin por su parte se refirió en varias ocasiones a su teoría como suya "y del Sr. Wallace" y mantuvo con él una amistosa correspondencia. En su autobiografía, Wallace señaló que él era incluso "más darwinista que Darwin".

En una carta de Wallace a su amigo H. W. Bates del 24 de diciembre de 1860, escribe: "El Sr. Darwin ha creado una nueva ciencia y una nueva Filosofía, y creo que nunca una ilustración tan completa de una nueva rama del conocimiento humano se ha debido a los trabajos e investigaciones de un solo hombre."

Wallace to H. W. Bates, 24 December 1860, Wallace Correspondence Project, 'Letter no. WCP374'

Darwin hurried to publish "On the Origin of Species," which was released in 1859, one year after receiving Wallace's manuscript from Ternate. The relationship between the two scientists was always cordial and characterized by mutual recognition. In fact, in 1889, Wallace titled his book in which he reviewed and updated his evolutionary thinking "Darwinism." Darwin, for his part, referred to their theory in several instances as "mine and Mr. Wallace's" and maintained friendly correspondence with him. In his autobiography, Wallace noted that he was even "more Darwinian than Darwin."

In a letter from Wallace to his friend H. W. Bates dated December 24, 1860, he wrote, "Mr. Darwin has created a new science and a new Philosophy, and I believe that never has such a complete illustration of a new branch of human knowledge been due to the labors and researches of a single man."

Wallace to H. W. Bates, 24 December 1860, Wallace Correspondence Project, 'Letter no. WCP374'

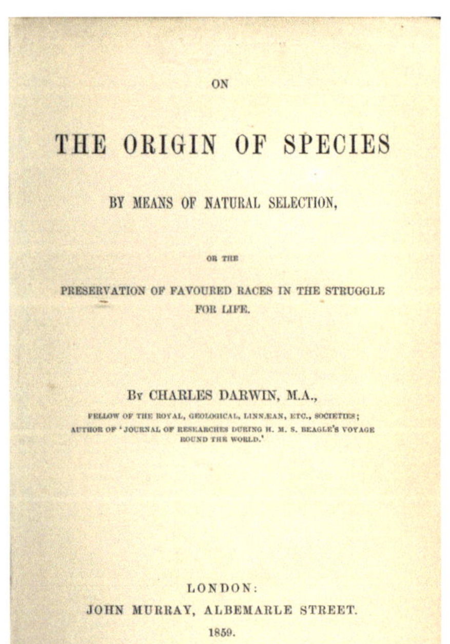

ON

THE ORIGIN OF SPECIES

BY MEANS OF NATURAL SELECTION,

OR THE

PRESERVATION OF FAVOURED RACES IN THE STRUGGLE FOR LIFE.

BY CHARLES DARWIN, M.A.,

FELLOW OF THE ROYAL, GEOLOGICAL, LINNÆAN, ETC., SOCIETIES;
AUTHOR OF 'JOURNAL OF RESEARCHES DURING H. M. S. BEAGLE'S VOYAGE ROUND THE WORLD.'

LONDON:
JOHN MURRAY, ALBEMARLE STREET.
1859.

Portada de *El origende las especies* de Charles Darwin. Londres, 1859/ Title page of *The Origin of Species* by Charles Darwin. London, 1859

DARWINISM

AN EXPOSITION OF THE

THEORY OF NATURAL SELECTION

WITH SOME OF ITS APPLICATIONS

BY

ALFRED RUSSEL WALLACE

LL.D., F.L.S., ETC.

WITH A PORTRAIT OF THE AUTHOR, MAP AND ILLUSTRATIONS

MACMILLAN AND CO., LIMITED
ST. MARTIN'S STREET, LONDON
1912

Portada del libro *Darwinism* de Alfred Russel Wallace / Title page of the book *Darwinism* by Alfred Russel Wallace

TO

CHARLES DARWIN,

AUTHOR OF " THE ORIGIN OF SPECIES,"

I Dedicate this Book,

NOT ONLY

AS A TOKEN OF PERSONAL ESTEEM AND FRIENDSHIP,

BUT ALSO

TO EXPRESS MY DEEP ADMIRATION

FOR

His Genius and his Works.

Dedicatoria de Wallace a Darwin en *El archipiélago malayo*: "A Charles Darwin, autor de *El origen de las especies* le dedico este libro no solo como testimonio de aprecio y amistad personal sino también para expresar mi profunda admiración por su genialidad y sus trabajos".

Wallace dedicated to Darwin his book *The Malay Archipelago*: "To Charles Darwin author of *The Origin of Species* I dedicate this book not only as a token of personal esteem and frienship, but also to express my deep admiration for his genius and his Works".

Reconocimiento mutuo / Mutual recognition

Wallace y el aposematismo

Wallace descubrió el principio de coloración alertadora en animales, o aposematismo, que consiste en desarrollar colores vivos y contrastados para anunciar toxicidad o mal gusto y así evitar ser depredados. Darwin consideraba que los vivos colores de las mariposas macho son un rasgo sexual seleccionado por las hembras, pero se preguntaba por qué algunas orugas, en lugar de camuflarse, también tenían colores vivos. Escribió a H. W. Bates con esa pregunta, quien le recomendó que preguntara a Wallace. Este le explicó su idea sobre el aposematismo, tras lo que Darwin le respondió: "Bates tenía razón, eres la persona a la que acudir en caso de dificultad".

Wallace and aposematism

Wallace discovered the principle of warning coloration in animals, or aposematism, which involves evolving bright and contrasting colors to signal toxicity or bad taste to avoid predation. Darwin believed that the vivid colors of male butterflies were a sexually selected trait by females, but he was puzzled by the fact that some caterpillars, instead of camouflaging, also displayed bright colors. He wrote H. W. Bates with this question, who recommended that he ask Wallace. Wallace explained his idea about aposematism to him, to which Darwin responded: "Bates was quite right, you are the man to apply to in a difficulty."

Mariposa búho /Owl butterfly
Caligo idomeneus
Maria Sibylla Merian (1647-1717), *Metamorphosis insectorum Surinamensium* (1705), Amsterdam: Voor den auteur, als ook by G. Valck.
Archivo MNCN: ACN120B/001/09979

En esta nota Darwin escribe a Wallace, por recomendación de Bates, para consultarle su opinión sobre el color llamativo de las orugas de algunas mariposas.

Feb. 23, 1867

Querido Wallace

Lamento mucho no haber podido visitarle, pero después del lunes ni siquiera pude salir de casa. El lunes por la tarde visité a Bates y le presenté una dificultad que no pudo responder, y como en alguna ocasión similar anterior, su primera sugerencia fue: 'sería mejor que le pregunte a Wallace'. Mi dificultad es: ¿por qué algunas veces las orugas son tan bellas y artísticamente coloreadas? Dado que muchas están coloreadas para escapar del peligro, difícilmente puedo atribuir su color brillante en otros casos a meras condiciones físicas. Bates dice que la oruga más vistosa que jamás vio en la Amazonia (de una esfinge) era visible a varios metros debido a su coloración negra y roja mientras se alimentaba de grandes hojas verdes. Si alguien objetara que las mariposas macho han sido embellecidas por selección sexual y preguntara por qué no deberían haber sido embellecidas igual que sus orugas, ¿qué respondería? Yo no podría responder, pero mantendría mi posición. ¿Podría reflexionar sobre esto y en algún momento, ya sea por carta o cuando nos veamos, decirme lo que piensa?
Además, me gustaría saber si su mariposa mimética hembra es más hermosa y brillante que el macho. La próxima vez que esté en Londres, tendrá que mostrarme sus martines pescadores.— Mi salud es un mal terrible; falté a la mitad de mis compromisos durante mi última visita a Londres.
Créame | muy sinceramente suyo

C. Darwin

In this short note, Darwin writes to Wallace, at Bates' recommendation, to ask for his opinión on the conspicuous coloration of the caterpillars of some butterflies. Facsimile.

Feb. 23, 1867

Dear Wallace

I much regretted that I was unable to call on you, but after Monday I was unable even to leave the house. On Monday evening I called on Bates & put a difficulty before him, which he could not answer, & as on some former similar occasion, his first suggestion was, "you had better ask Wallace". My difficulty is, why are caterpillars sometimes so beautifully & artistically coloured? Seeing that many are coloured to escape danger I can hardly attribute their bright colour in other cases to mere physical conditions. Bates says the most gaudy caterpillar he ever saw in Amazonia (of a Sphinx) was conspicuous at the distance of yards from its black & red colouring whilst feeding on large green leaves. If anyone objected to male butterflies having been made beautiful by sexual selection, & asked why should they not have been made beautiful as well as their caterpillars; what would you answer? I could not answer, but should maintain my ground. Will you think over this, & some time, either by letter or when we meet, tell me what you think. Also, I want to know whether your female mimetic butterfly is more beautiful & brighter than the male? When next in London I must get you to show me your Kingfishers.
— My health is a dreadful evil, I failed in half my engagements during this last visit to London.
Believe me | yours very sincerely

C. Darwin

Feb. 23d 1867

Down.
Bromley.
Kent. S.E.

Dear Wallace

I much regretted that I was unable to call on you, but after Monday I was unable even to leave the house. On Monday evening I called on Bates & put a difficulty before him, which he could not answer, & as on some former similar occasion, his first suggestion was "you had better ask Wallace". My difficulty is, why are caterpillars sometimes so beautifully & artistically coloured? Seeing that many are coloured to escape danger, I can hardly attribute their bright colour in other cases to mere physical conditions. Bates says the most gaudy caterpillar he ever saw in Amazonia (of a Sphinx) was conspicuous at the distance of yards

from its black & red colours, whilst feeding on large green leaves. If anyone objected to male butterflies having been made beautiful by sexual selection, & asked why shd they not have been made beautiful as well as their caterpillars; what would you answer? I could not answer, but shd maintain my ground. Will you think over this, & some time, either by letter or when we meet, tell me what you think. Also I want to know whether your female mimetic butterfly is more beautiful & brighter than the male? When next in London I must get you to show me your Kingfishers — My health is a dreadful evil, I failed in half my engagements during this last visit to London.

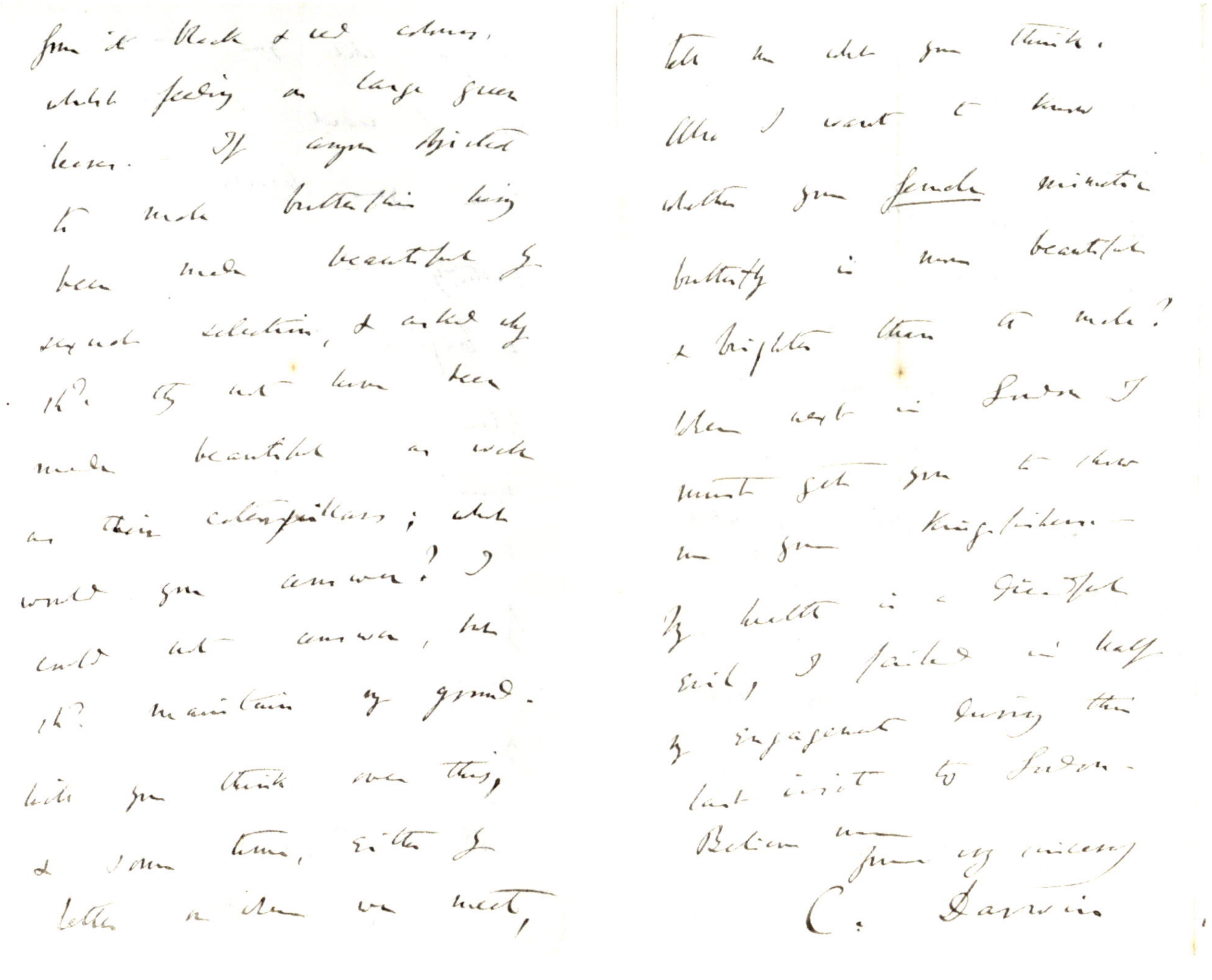

Believe me
yours very sincerely
C. Darwin

Selección natural / Natural Selection

A mediados del siglo XIX, la visión predominante era todavía la reflejada en obras como Teología Natural (1802) del clérigo William Paley (1743-1805), donde se consideraba que las especies eran inmutables y su complejidad y belleza eran en sí mismas prueba de la Creación divina.

Tanto Darwin como Wallace estaban convencidos de que las especies actuales descienden de otras ya extintas, pero les faltaba dar con el mecanismo evolutivo que lo hacía posible. Ambos concluyeron de manera independiente que el mecanismo principal era la evolución por **selección natural**. Según esta teoría, los individuos que heredan variaciones en su forma, fisiología o comportamiento que les resultan útiles para su supervivencia, tienen más posibilidades de reproducirse y a su vez pasar esas variaciones a las siguientes generaciones. De manera que a medida que se acumulan cambios a través de las generaciones y las distintas poblaciones se adaptan a las condiciones ambientales locales, se van diferenciando hasta formar especies distintas en el transcurso de largos periodos de tiempo. De manera similar, la **selección sexual**, una modalidad de la selección natural, actúa sobre

In the mid-19th century, the prevailing view remained represented by works such as Natural Theology (1802) by the clergyman William Paley (1743-1805), where species were considered immutable and their complexity and beauty were considered proof of God's Creation.

Both Darwin and Wallace were convinced that modern species descended from extinct ones, but they lacked the mechanism that drove this evolution. Independently, both concluded that the primary mechanism was evolution by **natural selection**. According to this theory, individuals inheriting variations in their form, physiology, or behavior that were advantageous for their survival had a greater chance of reproducing and passing those variations on to the next generation. As a result, as changes accumulated over generations and different populations adapted to local environmental conditions, they gradually differentiated into distinct species. Similarly, **sexual selection**, a mode of natural selection, acted on traits directly related to reproduction, favoring physical or behavioral changes that increased an individual's sexual attractiveness and, therefore, its reproductive success. Sexual selection

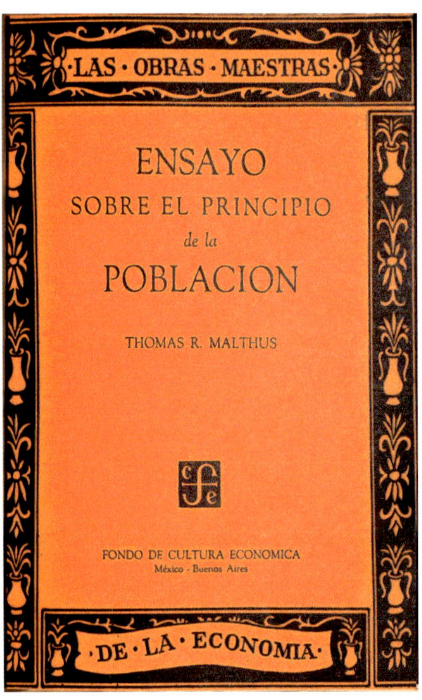

Ensayo sobre el principio de la población, Thomas R. Malthus. Fondo de Cultura Económica, 1846. México-Buenos Aires / *An essay on the Principle of Population* by Thomas R. Malthus, Spanish edition Biblioteca Residencia de Estudiantes. Signatura: PG8880

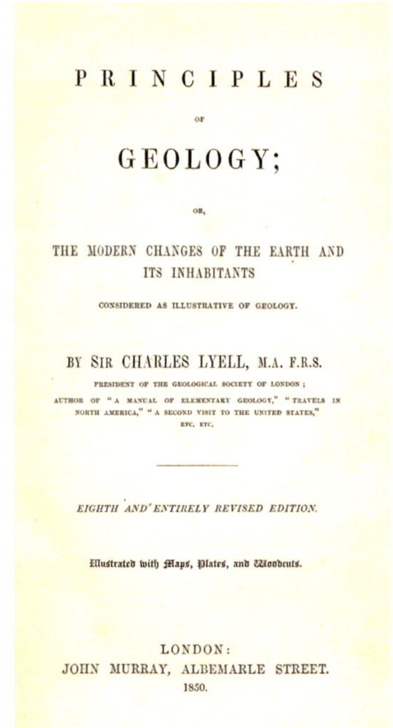
PRINCIPLES

OF

GEOLOGY;

OR,

THE MODERN CHANGES OF THE EARTH AND ITS INHABITANTS

CONSIDERED AS ILLUSTRATIVE OF GEOLOGY.

BY SIR CHARLES LYELL, M.A. F.R.S.

EIGHTH AND ENTIRELY REVISED EDITION.

Illustrated with Maps, Plates, and Woodcuts.

LONDON:
JOHN MURRAY, ALBEMARLE STREET.
1850.

Principles of geology, or the modern changes of the earth and its inhabitants: considered as illustrative of geology Lyell, Charles (1797-1875). London: John Murray, 1850 Biblioteca MNCN 1-10455

Mariposas del género *Heliconius* / Butterflies of the genus *Heliconius*
Lepidoptera: Nymphalidae
Brasil y Ecuador / Brazil and Ecuador
Colección de Entomología MNCN

caracteres directamente relacionados con la reproducción, favoreciendo cambios físicos o conductuales que aumentan el atractivo sexual de los individuos o su probabilidad de apareamiento, y por tanto su éxito reproductivo. La selección sexual explica la evolución de rasgos ornamentales extremos, como los extravagantes plumajes de las aves de paraíso o las imponentes cornamentas de los ciervos.

Wallace y Darwin habían leído dos obras que les influyeron notablemente en la elaboración de esta teoría: el *Ensayo sobre el Principio de la Población* del clérigo anglicano y economista Thomas Malthus, y *Principios de Geología del*

explains the evolution of extravagant ornamental features, such as the elaborate plumage of birds of paradise and the imposing antlers of deer.

Wallace and Darwin had read two works that greatly influenced their formulation of this theory: *The Essay on the Principle of Population* by Anglican cleric and economist Thomas Malthus, and *Principles of Geology* by geologist Charles Lyell. Malthus argued that the human population grew faster than the food resources it depended on, leading to inevitable competition for resources and space that kept the population in check. Applying this idea to nature would

geólogo Charles Lyell. En el primero, Malthus exponía que la población humana crecía más rápidamente que las reservas de alimento de las que dependía, por lo que era inevitable una competencia por los recursos y el espacio que mantenía la población bajo control. Trasladando esta idea a la naturaleza conduciría a la supervivencia de aquellos individuos que presentasen rasgos más favorables para esta competencia y que con el tiempo darían lugar a especies diferenciadas: "Las variaciones favorables tenderían a preservarse y las no favorables se destruirían" afirmaba Darwin.

Por su parte, Lyell adjudicaba a la Tierra millones de años de antigüedad, en contra de la creencia predominante de que su edad era solo de unos pocos miles. Esto encajaba con el mecanismo propuesto por Wallace y Darwin, que precisaba de largos periodos de tiempo para que la formación de especies por selección natural fuera factible.

Evolución por selección natural y sexual

Según la teoría de la selección natural, los individuos que heredan variaciones en su forma, fisiología o comportamiento que les resultan útiles para su supervivencia, tienen más posibilidades de reproducirse y a su vez pasar esas variaciones a las siguientes generaciones. De manera que a medida que se acumulan cambios a través de las generaciones y las distintas poblaciones se adaptan a las condiciones ambientales locales, se van diferenciando hasta formar especies distintas en el transcurso de largos periodos de tiempo. De manera similar, la selección sexual, una modalidad de la selección natural, actúa sobre caracteres directamente relacionados con la reproducción, favoreciendo cambios físicos o conductuales que aumentan el atractivo sexual de los individuos o su probabilidad de apareamiento, y por tanto su éxito reproductivo. La selección sexual explica la evolución de rasgos ornamentales extremos, como los extravagantes plumajes de las aves de paraíso o las imponentes cornamentas de los ciervos.

lead to the survival of individuals with favorable traits in this competition, eventually resulting in differentiated species: "Favorable variations would tend to be preserved, and unfavorable ones to be destroyed," Darwin asserted. In turn, Lyell attributed millions of years to the Earth's age, in contrast to the prevailing belief that it was only a few thousand years old. This aligned with the mechanism proposed by Wallace and Darwin, which required long periods of time for the formation of species through natural selection to be feasible

Evolution by Natural and Sexual Selection

According to the theory of natural selection, individuals inheriting variations in their shape, physiology, or behavior that are advantageous for their survival have a greater chance of reproducing and passing those variations on to the next generation.

As a result, as changes accumulate over generations and differentpopulations adapt to local environmental conditions, they gradually differentiate into distinct species.

Similarly, sexual selection, a mode of natural selection, acts on traits directly related to reproduction, favoring physical or behavioral changes that increases an individual's sexual attractiveness and, therefore, its reproductive success. Sexual selection explains the evolution of extravagant ornamental features, such as the elaborate plumage of birds of paradise and the imposing antlers of deer.

POBLACIÓN ORIGINAL
ORIGINAL POPULATION

ESPECIE 1 / SPECIES 1
Hypotheticus vulgaris

SELECCIÓN NATURAL
NATURAL SELECTION

LOCALIDAD 1
La dieta en el nuevo hábitat favorece a los individuos con un pico más alargado, que sobreviven mejor.

LOCALITY 1
The diet in the new habitat favors individuals with longer bills, which survive better.

Con el tiempo, el pico de toda la población se alarga porque los individuos con picos largos sobreviven mejor y se reproducen más.

With time, the bill of the entire population becomes longer as individuals with longer bills survive and reproduce better.

NUEVA ESPECIE 2
NEW SPECIES 2

Hypotheticus longirostris

SELECCIÓN SEXUAL
SEXUAL SELECTION

LOCALIDAD 2
Nuevas mutaciones dan lugar a machos con una pequeña cresta y manchas de color, y son preferidos por las hembras.

LOCALITY 2
New mutations give rise to males with a small crest and color patches, and these are preferred by females.

La crestas se alargan y su color se intensifica. Estos rasgos son seleccionados por las hembras porque actúan como indicadores de la calidad del macho.

Crests become elongated and bright. These traits are selected by females because they act as indicators of male quality.

NUEVA ESPECIE 3
NEW SPECIES 3

Hypotheticus cristatus

Tras miles de generaciones las dos poblaciones pierden la capacidad de reproducirse entre ellas, y con la población original.

After thousands of generations the two populations lose the capacity to interbreed with each other and the original population.

Contrasted Sexual Colours. Colección personal de insectos de Wallace, Cajón 20, Museo de Historia Natural, Londres / Wallace's personal insect collection, Drawer 20, Natural History Museum, London

Dimorfismo sexual en escarabajos / Sexual dimorphism in beetles. Coleoptera: Scarabaeoidea.
Machos a la izquierda y hembras a la derecha / Males on the left, females on the right.
Colección de Entomología MNCN

Coincidencias y divergencias entre Wallace y Darwin

Darwin y Wallace mantuvieron a lo largo de sus vidas excelentes relaciones que llevaban aparejadas el reconocimiento mutuo, la colaboración y la amistad. Sin embargo, también mantuvieron importantes discrepancias en torno a sus ideas evolutivas y el alcance de su compartida teoría.

Por una parte, Wallace no aceptaba el excesivo gradualismo que establecía Darwin para que la selección natural tuviera lugar, sino que consideraba se podrían alternar periodos de cambios más rápidos con otros de reposo. Tampoco admitía, como sí lo hacía Darwin, que la herencia de los caracteres adquiridos también podía contribuir al proceso evolutivo.

Otro punto de divergencia era la selección sexual. Según Darwin, la evolución de caracteres sexuales secundarios vistosos y llamativos en los machos se debe a la selección por parte de las hembras de pequeñas variaciones en esos ornamentos, generación tras generación, por considerarlas estéticamente atractivas. En cambio, Wallace no creía

Throughout their lives, Darwin and Wallace maintained an excellent relationship marked by mutual recognition, collaboration, and friendship. However, they also had significant disagreements regarding their evolutionary ideas and the scope of their shared theory.

Firstly, Wallace did not accept the excessive gradualism that Darwin established for natural selection to occur but believed that periods of faster change could alternate with periods of stasis. He also did not accept, as Darwin did, that the inheritance of acquired characteristics could contribute to the evolutionary process.

Another point of contention was sexual selection. According to Darwin, the evolution of showy and elaborate secondary sexual characteristics in males resulted from females selecting small variations in these ornaments, generation after generation, for their aesthetic appeal. In contrast, Wallace did not believe that females played a role in this process and considered ornaments to reflect the

Commonalities and diferences between Wallace and Darwin

Frontispicio del libro *Evidence as to man's place in Nature* de Thomas Henry Huxley, 1863. Frontispiece of *Evidence as to man's place in Nature* by Thomas Henry Huxley, 1863.

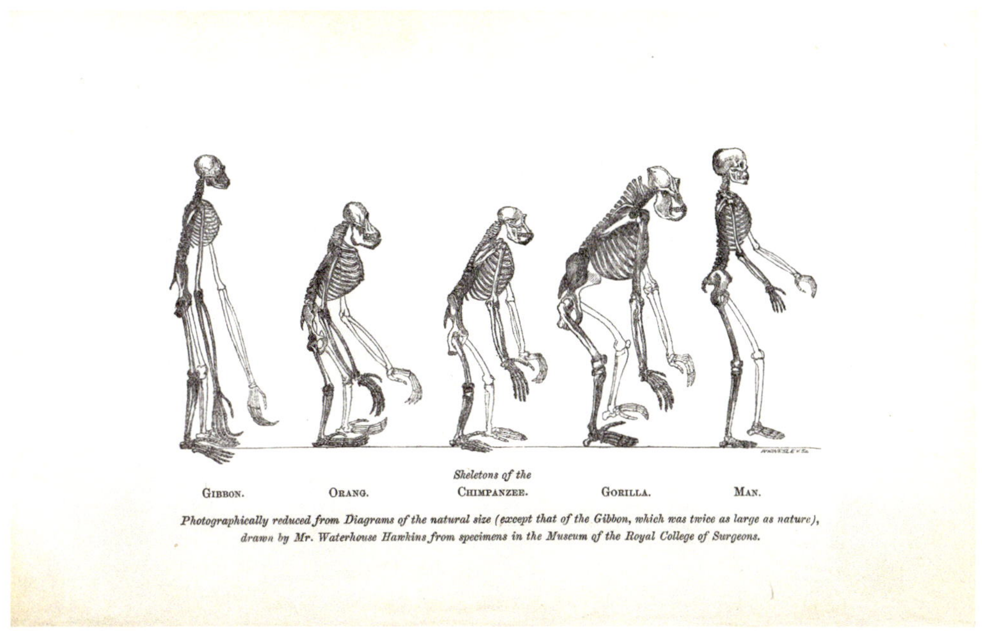

Convergencias y divergencias entre Darwin y Wallace (vitrina) / Commonalities and differences between Darwin and Wallace on the theory of evolution (showcase)

que las hembras jugaran un papel en este proceso, y consideraba que los ornamentos reflejaban la calidad y el "vigor" de los machos. La ciencia actual da parte de razón a ambos: las hembras sí seleccionan los machos más ornamentados, pero porque estos ornamentos suponen un coste y reflejan la calidad de sus genes.

Quizá el desacuerdo más profundo se dio en referencia a la evolución humana. Wallace dudaba de que la selección natural fuera la única responsable de la evolución del ser humano, sobre todo en lo que se refiere a lo que llamó sus facultades superiores "nuestra naturaleza mental y moral". Por eso, sostenía la existencia de una "Inteligencia Superior" que actúa sobre las leyes de la naturaleza para promover la organización y el avance que se da en los humanos. Darwin, en cambio, no dudaba de que la especie humana fuera solo producto de procesos naturales.

A pesar de sus desacuerdos, ambos científicos siguieron manteniendo su amistad y respeto. Así, Wallace contó con el apoyo activo de Darwin para que en 1881 el gobierno británico le concediera una pensión de 200 libras anuales. Y Wallace fue uno de los que acompañaron al féretro de Darwin en su funeral en la Abadía de Westminster.

quality and "vigor" of males. Current science partly supports both views: females do select males with more ornaments because these ornaments reflect the quality of their genes.

Perhaps the deepest disagreement was related to human evolution. Wallace doubted that natural selection was solely responsible for human evolution, especially regarding what he called our "higher mental and moral faculties." Therefore, he posited the existence of a "Higher Intelligence" that acted on the laws of nature to promote the organization and advancement he observed in humans. Darwin, however, had no doubt that the human species was solely the product of natural processes.

Despite their disagreements, both scientists continued to maintain their friendship and respect. Darwin's influence ensured that in 1881 the British government granted Wallace an annual pension of £200. Wallace was one of the pallbearers who accompanied Darwin's coffin at his funeral at Westminster Abbey.

MAN'S PLACE IN THE UNIVERSE

A Study of the Results of Scientific Research in Relation to the Unity or Plurality of Worlds

BY

ALFRED R. WALLACE

LL.D., D.C.L., F.R.S., ETC.

'O, glittering host! O, golden line!
I would I had an angel's ken,
Your deepest secrets to divine,
And read your mysteries to men.'

THIRD EDITION

LONDON
CHAPMAN AND HALL
LIMITED
1904

Man's place in the universe: A study of the results of scientific research in relation to the unity or plurality of worlds
Wallace, Alfred Russel (1823-1913). London: Chapman and Hall, 1904. 3rd ed.
Biblioteca MNCN 1-6125

Orangután / Orangutan. *Pongo* sp. Aguada y tinta marrón sobre papel verjurado
Colección Johannes Le Francq Van Berkhey (1729-1812)
Archivo MNCN AC-N100A/004/00363

Dimorfismo sexual en el saltarín azul (*Chiroxiphia caudata*) / Sexual dimorphism in the Swallow-tailed Manakin

Walace y el espiritualismo / Wallace and spiritualism

Wallace había tenido contactos con la frenología en su juventud, y a su regreso del archipiélago malayo se interesó por el espiritualismo, muy de moda en la Inglaterra de la época. Trató de aproximarse a los denominados fenómenos sobrenaturales de una forma científica, y desde esa perspectiva escribió el artículo *El aspecto científico de lo supranatural* (1866) y el libro *Milagros y espiritualismo moderno* (1875). Su ingenua causa fue vista con sorpresa y reprobación por la comunidad científica de la época, Darwin incluido, aunque Wallace encontró el apoyo de naturalistas como Robert Chambers.

Wallace had been exposed to phrenology in his youth, and upon his return from the Malay Archipelago, he became interested in spiritualism, very popular in England at the time. He tried to approach so-called supernatural phenomena in a scientific manner, and from that perspective he wrote the article The Scientific Aspect of the Supernatural (1866) and the book Miracles and Modern Spiritualism (1875). His naive pursuit was generally met with surprise and disapproval by the scientific community, including Darwin, although Wallace found support from naturalists like Robert Chambers.

Alfred R. Wallace con el "espíritu de su madre". Fotógrafo: Frederick A. Hudson. Tomada el 14 de marzo de 1874, en casa de Hudson y con Mrs. Guppy como medium. Reproducción digital de una tarjeta de visita original perteneciente a la familia Wallace.

Alfred R. Wallace with the "spirit of his mother". Photographer: Frederick A. Hudson. Taken March 14, 1874, at Hudson's with Mrs. Guppy present as a medium. Scan of an original carte de visite owned by the Wallace Family.

Carta de Darwin a Wallace, 26 de enero de 1870

[...] Estoy encantado de que vaya a publicar todos sus artículos sobre Selección Natural: estoy seguro que tiene razón, y que harán mucho bien a nuestra causa. Pero me duele su posición sobre el Hombre—escribe usted como un naturalista metamorfoseado (en la dirección retrógada) Usted, el autor del mejor artículo jamás aparecido en Anthropological Review!

Ay, ay, ay
Su apenado amigo

C. Darwin

Darwin's letter to Wallace, January 26, 1870

[...] I am very glad you are going to publish all your papers on Natural Selection: I am sure you are right, & that they will do our cause much good. But I groan over Man— you write like a metamorphosed (in retrograde direction) naturalist, & you the author of the best paper that ever appeared in the Anthropological Review!

Eheu Eheu Eheu
Your miserable friend

C. Darwin

Letter WCP1931, in Beccaloni, G. W. (ed.), Epsilon: The Alfred Russel Wallace Collection

Cabeza frenológica

La frenología es una teoría pseudocientífica, popular en el siglo XIX, según la cual cada facultad mental se encuentra ubicada en un área determinada del cerebro, y sus particularidades estarían reflejadas en la forma exterior del cráneo. Por esta razón se podrían determinar el carácter y la personalidad de las personas en base a la forma de la cabeza y el cráneo.

Colección MNCN

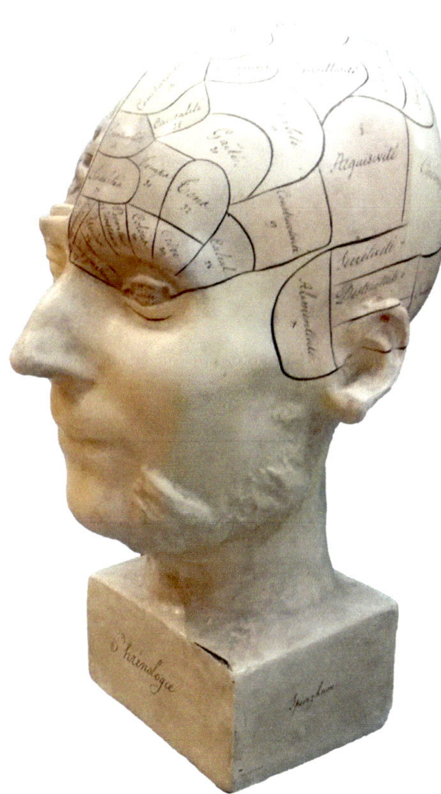

Phrenological head

Phrenology is a pseudoscientific theory, popular in the 19th century, which posited that each mental faculty is located in a specific area of the brain, and their characteristics are reflected in the external shape of the skull. For this reason, it was believed that one could determine a person's character and personality based on the shape of their head and skull.

Colección MNCN

A PIONEER OF NATURAL SELECTION

THE LATE DR. ALFRED RUSSEL WALLACE, O.M., F.R.S.,

Who achieved immortality as the co-discoverer of the Darwinian theory.

Dr. Alfred Russel Wallace, who passed away on November 7 at the age of ninety, will go down to posterity as a co-discoverer of the theory of Natural Selection, though with an unselfishness well-nigh unique in scientific annals he relinquished his claim in favour of Charles Darwin. It was Sir Joseph Hooker and Sir Charles Lyell who communicated to the Linnean Society, in July, 1858, the two naturalists' first essays on the subject, and in their covering letter they stated that Darwin and Wallace, "having independently and unknown to one another conceived the very same ingenious theory to account for the appearance and perpetuation of varieties and of specific forms on our planet, may both fairly claim the merit of being original thinkers in this important line of inquiry." Portrait by Haines.

Homenaje a Wallace tras su fallecimiento del periódico The Graphic, 15 de noviembre, 1913/ Tribute to Wallace from The Graphic, November 15, 1913. Alfred R. Wallace Memorial Fund

El legado de Wallace
Wallace's legacy

Wallace escribió más de 700 artículos y 22 libros. Entre éstos últimos destacan los siguientes:

- 1853 – *A Narrative of Travels on the Amazon and Rio Negro, with an Account of the Native Tribes, and Observations on the Climate, Geology, and Natural History of the Amazon Valley* (*Una narrativa de los viajes por el Amazonas y Río Negro, con una descripción de las tribus nativas, observaciones sobre el clima, geología, e historia natural del valle del Amazonas*).
- 1869 – *The Malay Archipelago; The Land of the Orang-utan and the Bird of Paradise* (*El archipiélago malayo, la tierra del orangután y el ave del paraiso*).
- 1870 – *Contributions to the Theory of Natural Selection. A Series of Essays* (*Contribuciones a la teoría de Selección Natural. Serie de ensayos*).
- 1876 – *The Geographical Distribution of Animals; With a study of the Relations of Living and Extinct Faunas as Elucidating the Past Changes of the Earth's Surface* (*La Distribución Geográfica de los Animales, con un estudio de las relaciones entre las faunas actuales y extintas para revelar cambios pasados en la superficie de la tierra*).
- 1878 – *Tropical Nature and Other Essays* (*Naturaleza Tropical y otros ensayos*)
- 1880 – *Island Life, or, the Phenomena and Causes of Insular Faunas and Floras, including a Revision and Attempted Solution of the Problem of Geological Climates* (Vida insular, o los fenómenos y causas de las faunas y floras insulares, incluyendo una revisión

Wallace wrote more than 700 articles and 22 books. Some of his most notable books include:

- 1853 – *A Narrative of Travels on the Amazon and Rio Negro, with an Account of the Native Tribes, and Observations on the Climate, Geology, and Natural History of the Amazon Valley.*
- 1869 – *The Malay Archipelago; The Land of the Orang-utan and the Bird of Paradise.*
- 1870 – *Contributions to the Theory of Natural Selection. A Series of Essays.*
- 1876 – *The Geographical Distribution of Animals; With a study of the Relations of Living and Extinct Faunas as Elucidating the Past Changes of the Earth's Surface.*
- 1878 – *Tropical Nature and Other Essays.*
- 1880 – *Island Life, or, the Phenomena and Causes of Insular Faunas and Floras, including a Revision and Attempted Solution of the Problem of Geological Climates.*
- 1889 – *Darwinism: An Exposition of the Theory of Natural Selection, with Some of its Applications.*
- 1905 – *My Life: A Record of Events and Opinions.*

He received numerous awards and recognitions for his scientific discoveries, including the Order of Merit, the highest civilian award from the British monarch. In 1892, he was awarded the Gold Medal of the Linnean Society of London and the Royal Geographical Society. In 1908, he received the Darwin-Wallace Medal from the Linnean

y propuesta de solución al problema de los climas geológicos).

- 1889 – *Darwinism: An Exposition of the Theory of Natural Selection, with Some of its Applications.* (*Darwinismo: Una exposición de la teoría de la Selección Natural con algunas de sus aplicaciones*).
- 1905 – *My Life: A Record of Events and Opinions* (*Mi vida: un registro de eventos y opiniones*).

Recibió múltiples condecoraciones como reconocimiento a sus descubrimientos científicos, incluyendo la Orden del Mérito de la Corona (Order of Merit) la máxima condecoración que puede recibir un civil del monarca británico reinante. En 1892 le concedieron la Medalla de Oro de la Linnean Society de Londres y la de la Royal Geographic Society. En 1908 recibió la Medalla Darwin-Wallace, también de la Sociedad Linneana de Londres, y ese mismo año recibió la prestigiosa Copley Medal otorgada por la Royal Society de Londres, de la que había sido elegido miembro en 1893.

Wallace fue también un ferviente activista socialista, defensor de la nacionalización de la tierra y opuesto a la destrucción del medio ambiente a través de la industrialización. Fue también un firme defensor de la igualdad de derechos de las mujeres y del sufragio femenino.

Su activa implicación en el "movimiento espiritualista", y su frecuente participación en sesiones de espiritismo, tema sobre el que escribió extensamente, comprometió su credibilidad en el ámbito científico. No obstante, continuó defendiendo a Darwin cuando, entre finales del siglo XIX y principios del XX, la selección natural fue criticada al entrar en escena las leyes de la herencia de Gregor Mendel (1822-1884), la teoría mutacional y las primeras investigaciones genéticas. Estos estudios se juzgaron en principio incompatibles con la teoría de la selección natural, y no sería hasta la década de 1930, a través del trabajo de célebres genetistas y teóricos como T. H. Morgan (1866-1945), A. R. Fisher (1890-1962), J. B. S. Haldane (1892-1964), T. Dobzhansky (1900-1975), G. G. Simpson (1902-1984) y E. W. Mayr (1904-2005), que se lograría aunar genética y selección natural en lo que se

Orden del Mérito del Reino Unido / Order of Merit from the British monarch (1908)

Society of London and the prestigious Copley Medal from the Royal Society of London, of which he had been elected a member in 1893.

Wallace was also a fervent socialist activist, advocating for land nationalization and opposing the destruction of the environment through industrialization. He was a strong supporter of women's equal rights and women's suffrage.

His active involvement in the spiritualist movement, including frequent participation in séances, on which he wrote extensively, compromised his credibility in the scientific community.

Nevertheless, he continued to defend Darwin when, between the late 19th and early 20th centuries, natural selection was criticized as Gregor Mendel's laws of inheritance (1822-1884), mutation theory, and early genetic research emerged. Initially, these studies were considered incompatible with the theory of natural selection. It wasn't until the 1930s, through the work of renowned geneticists and theorists like T. H. Morgan (1866-1945), A. R. Fisher (1890-1962), J.

Medalla Copley / Copley Medal

Medalla de Oro de la Linnean Society / Gold Medal of the Linnean Society

Medalla de Oro de la Royal Geographical Society / Gold Medal of the Royal Geographical Society

Medalla Darwin-Wallace / Darwin-Wallace Medal

Thomas Hunt Morgan (1866-1945)

EVOLUCIÓN Y MENDELISMO

(CRÍTICA DE LA TEORÍA DE LA EVOLUCIÓN)

POR

THOMAS H. MORGAN

Profesor de Zoología experimental en «Columbia University»

TRADUCIDO DEL INGLÉS POR

ANTONIO DE ZULUETA

Profesor en el Museo Nacional de Ciencias Naturales

CALPE
MADRID
1921

Evolución y mendelismo: Crítica de la teoría de la evolución. Morgan, Thomas H. (1866-1945). Traducción de Antonio de Zulueta. Madrid: Calpe, 1921. Biblioteca MNCN 1-7951

John Burdon Sanderson Haldane (1892-1964)

Theodosius Dobzhansky (1900-1975)

George Gaylord Simpson (1902-1984)

Ernst Mayr (1904-2005)

llamó la Síntesis Evolutiva Moderna. Darwin recuperó así su prestigio y reputación científica, pero Wallace quedó relegado a un segundo plano ya que la teoría que se había denominado de Darwin-Wallace pasó a llamarse simplemente Darwinismo. No obstante, hoy en día se reconoce plenamente su papel como naturalista, padre de la biogeografía moderna y codescubridor de la teoría de la evolución a través de la selección natural.

B. S. Haldane (1892-1964), T. Dobzhansky (1900-1975), G. G. Simpson (1902-1984), and E. W. Mayr (1904-2005), that genetics and natural selection were successfully integrated in what became known as the *Modern Evolutionary Synthesis*.

Darwin's prestige and scientific reputation were thus restored, while Wallace remained in the background as the theory formerly called Darwin-Wallace came to be known simply as Darwinism. However, today his role as a naturalist, father of modern biogeography, and co-discoverer of the theory of evolution through natural selection is fully recognized.

Nota en la que se comunica a Wallace que la Royal Society of London le otorga la Medalla Darwin (desde entonces llamada Medalla Darwin-Wallace) en 1890. Facsímil.

6 de nov., 1890

Señor,
Tengo el placer de informarle que el Presidente y el Consejo de la Royal Society le han otorgado la Medalla Darwin por su independiente generación de la teoría del origen de las especies por selección natural. Se espera que Alfred Russel Wallace, Esqr.

Note informing Wallace that the Royal Society of London awarded him the Darwin Medal (subsequently known as the Darwin-Wallace Medal) in 1890. Facsimile.

Nov. 6, 1890

Sir,
I have the pleasure to inform you that the President and Council of the Royal Society have awarded to you the Darwin Medal for your Independent Origination of the Theory of the Origin of Species by Natural Selection. It is hoped that Alfred Russel Wallace, Esqr.

THE ROYAL SOCIETY,
BURLINGTON HOUSE, LONDON, W.

Nov. 6, 1890.

Sir,
I have the pleasure to inform you that the President and Council of the Royal Society have awarded to you the Darwin Medal for your Independent Origination of the Theory of the Origin of Species by Natural Selection.
It is hoped that
Alfred Russel Wallace, Esqr.

ALFRED R. WALLACE
1823–1913
CHARLES DARWIN
1809–1882
La interacción entre Wallace y Darwin condujo a la difusión de la teoría de la evolución biológica por selección natural concebida por ambos científicos de forma independiente. Sin embargo, sus trayectorias profesionales y personales fueron muy distintas.
WALLACE AND DARWIN: A FORTUNATE ENCOUNTER
In 1858, from the remote island of Ternate in the Malay Archipelago, the young Alfred R. Wallace sent an essay on his theory of the evolution of living beings through natural selection to the already famous scientist Charles Darwin. Darwin had been preparing a multi-volume work for over 20 years to present his own theory, which was similar to what Wallace described in a few pages. Wallace's letter was decisive in convincing the illustrious naturalist to finally publish his theory, and the ideas of both scientists were presented at the Linnean Society of London that same year. A few months later, in 1859, Darwin published his famous book On the Origin of Species by Means of Natural Selection.
The interaction between Wallace and Darwin led to the dissemination of the theory of biological evolution through natural selection, conceived independently by both scientists. However, their professional and personal paths were quite different.

ARCHIPIELAGO MALAYO
/ MALAY ARCHIPELAGO
AMAZONÍA
/ AMAZON

In 1858, he had spent 20 years compiling evidence to publish a comprehensive and irrefutable work explaining evolution through the mechanism of natural selection. His other biological and geological studies had already earned him great fame as a scientist.
Las observaciones y colecciones de historia natural realizadas a lo largo del viaje fueron cruciales para elaborar su teoría de la evolución a través de la selección natural.
The observations and natural history collections made during the journey were crucial in developing his theory of evolution through natural selection.
A los 22 años, financiado por su padre, se incorporó como ayudante en el bergantín HMS Beagle desde el que viajó alrededor del mundo entre 1831 y 1836. En 1839 publicó El viaje del Beagle relatando sus hallazgos y aventuras.
At the age of 22, supported by his father, he joined the HMS Beagle as an assistant, embarking on a journey around the world from 1831 to 1836. In 1839, he published The Voyage of the Beagle, recounting his findings and adventures.
Estudió medicina en la Universidad de Edimburgo y teología en la Universidad de Cambridge donde de la mano de su profesor J. S. Henslow (1796-1861) comenzó a estudiar ciencias naturales, su verdadera pasión.
He studied medicine at the University of Edinburgh and later theology at the University of Cambridge, where, under the guidance of his professor J. S. Henslow (1796-1861) he began to study natural history, his true passion.

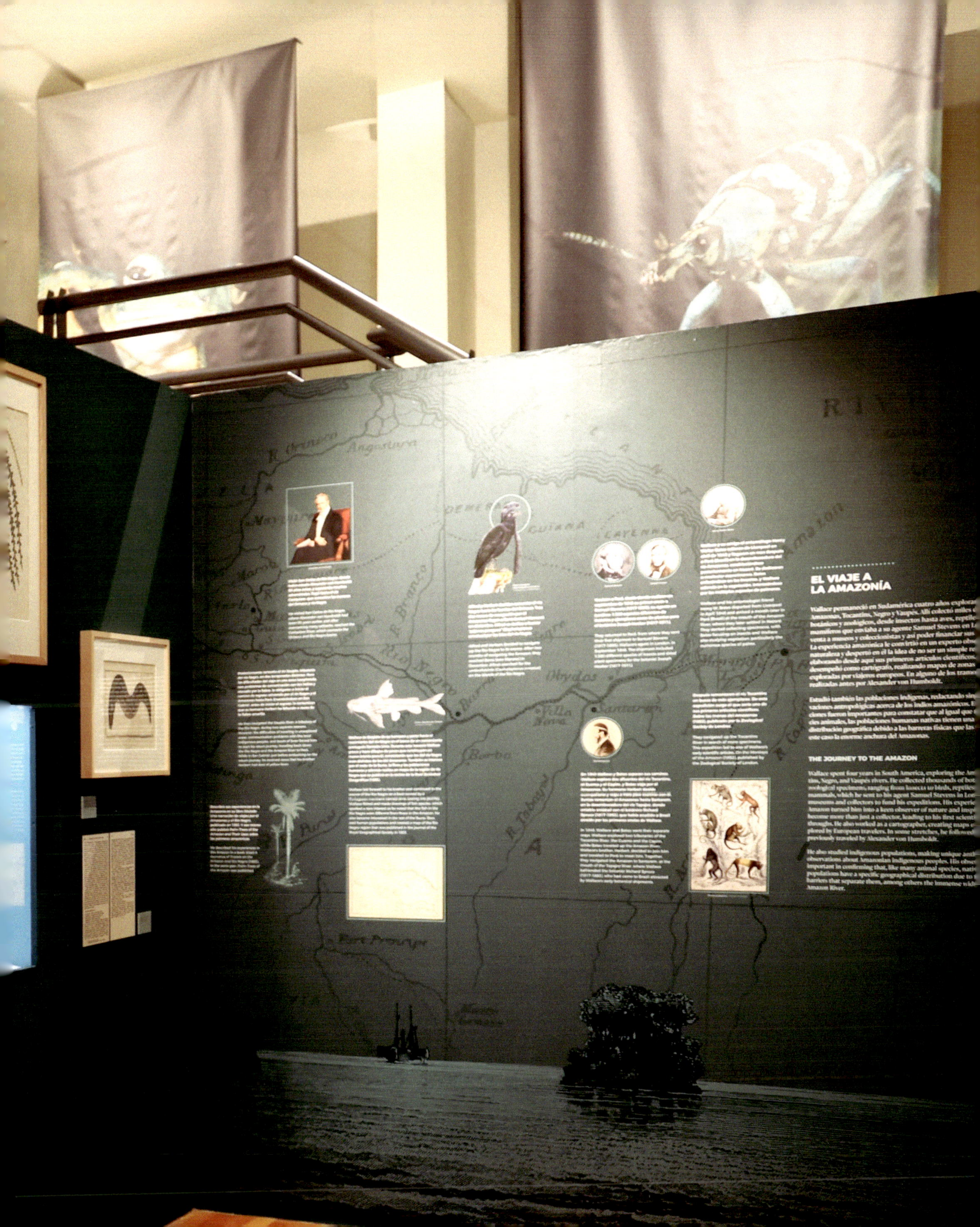
EL VIAJE A
LA AMAZONÍA
THE JOURNEY TO THE AMAZON
Angostura
GUIANA
Obydos

La exposición / The exhibition

LA LEY DE SARAWAK

Catálogo de piezas expuestas / Catalog of Exhibited Objects

Darwin y Wallace: un afortunado encuentro / Wallace and Darwin: a fortunate encounter

Lupa Carpentier
Hierro, latón y vidrio
Jules Carpentier
Francia c. 1900
Carpentier magnifying glass
Iron, brass, glass
France c. 1900
Colección Instrumentos Científicos MNCN.ICH.0040

Cámara fotográfica de fuelle
Madera, latón y cristal
Constructor: Hermagis (Objetivo)
c. 1895
Folding camera
Wood, brass, glass
Manufacturer: Hermagis (Lens)
Colección Instrumentos Científicos MNCN.ICH.0339

Pantógrafo Gavard
Latón, marfil
Adrien Gavard
Francia c. 1860
Uso planimétrico y cartográfico
Gavard Perspectograph
Brass, ivory
France c. 1860
Cartographic use
Colección Instrumentos Científicos MNCN.ICH.0038

Microscopio simple Verick
Madera, latón y cristal
C. Verick
Francia c. 1880
Simple Verick Microscope
Wood, brass, glass
France c. 1880
Colección Instrumentos Científicos MNCN.ICH.0144

Los viajes de Wallace / Wallace's journeys

El viaje a la Amazonía / The journey to the Amazon (1848-1852)

Itinerario amazónico / Amazon itinerary

Zopilote rey
King vulture
Sarcoramphus papa
Colección de Aves MNCN-A7626/A7627

Tucán pechigualdo
Yellow-throated Toucan
Ramphastos ambiguus
Brasil
Colección de Aves MNCN-A7438

Cotingas. De izquierda a derecha/ From left to right

Cotinga azulejo
Lovely Cotinga
Cotinga amabilis
Piel de estudio
Study skin
Colección de Aves MNCN-A10392

Cotinga pechimorado
Purple-breasted Cotinga
Cotinga cotinga
Guyana
Piel de estudio
Study skin
Colección de Aves MNCN_A1039

Coringas

Cotinga celeste
Spangled Cotinga
Cotinga caerulea
Piel de estudio
Study skin
Colección de Aves MNCN_A10389

Peces amazónicos

Synbranchus marmoratus
(Bloch, 1795)
Brasil
Colección de Ictiología MNCN-ICTIO 075.297

Anostomus taeniatus
Nombre actual: *Laemolyta taeniata*
(Kner, 1858)
Brasil
Colección de Ictiología MNCN_ICTIO 115.742

Crenicichla lepidota
(Heckel, 1840)
Brasil
Colección de Ictiología MNCN

Xiphorhamphus ferox
Nombre actual: *Acestrorhynchus falcatus*
(Bloch, 1794)
Brasil
Colección de Ictiología MNCN-ICTIO 115.740-115.741

Sternopygus carapus / Carapus fasciatus
Nombre actual: *Gymnotus carapo*
(Linnaeus, 1758)
Brasil
Colección de Ictiología MNCN-ICTIO 115.675-115.678

Peces de Río Negro dibujados por A. R.,
Wallace
Facsímiles
Fishes from the Rio Negro drawn by A. R.
Wallace
Facsimiles

Synbranchus marmoratus
Anostomus taeniatus
Crenicichla sp.
Xiphorhamphus ferox
Sternopygus sp.
The Natural History Museum, London

Anaconda verde
Green Anaconda
Eunectes murinus
Colección de Herpetología MNCN 23913

Tortuga de patas amarillas
Yellow-footed Tortoise
Chelonoidis denticulatus
Brasil
Colección de Herpetología MNCN 23896

Jacaré común
Broad-snouted caiman
Caiman latirostris
Sudamérica
Colección de Herpetología MNCN 45776

Serpientes / Snakes. De izquierda a derecha / From left to right:

Yarará de barriga prieta / Cotiara
Cotiara viper
Bothrops cotiara
Brasil
Colección de Herpetología MNCN-22320

Víbora de la cruz / Urutu
Urutu viper
Bothrops alternatus
Brasil
Colección de Herpetología MNCN-22319

Yarará pintada / Jararaca pintada
Neuwied's lancehead
Bothrops neuwiedi
Brasil
Colección de Herpetología MNCN-22318

Cascabel tropical
Tropical rattlesnake
Crotalus durissus
Brasil
Colección de Herpetología MNCN-22322

Anguila eléctrica o temblón
Electric eel
Electrophorus electricus = *Gymnotus electricus*
Estampa calcográfica con iluminado de época a la aguada
Colección Johannes Le Francq Van Berkhey (1729-1812)
Archivo MNCN ACN100B/004/01331

Catálogo de piezas expuestas / Catalog of exhibited pieces

Mono araña
Spider monkey
Ateles paniscus
Brasil
Colección de Mamíferos
MNCN_2000

Mono araña
Spider monkey

Mono lanudo de Humboldt
Humboldt's woolly monkey
Lagothrix lagothricha
Ecuador
Colección de Mamíferos
MNCN_2043

1. Mono araña común, hembra
White-bellied spider monkey, female
Ateles belzebuth
2. Mono lanudo gris, hembra
Gray woolly monkey, female
Lagothrix cana
Francisco Díaz Carreño (1836-1903)
Expedición científica al Pacífico (1862-1866)
Archivo MNCN ACN110B/002/04700

Mono lanudo de Humboldt
Humboldt's woolly monkey
Lagothrix lagothricha
Francisco Díaz Carreño (1836-1903)
Expedición científica al Pacífico (1862-1866)
Archivo MNCN ACN110B/002/04701

Monos amazónicos / Monkeys of the Amazon. De izquierda a derecha /From left to right:

Mono ardilla
Squirrel monkey
Saimiris sciureus
Sudamérica
Colección de Mamíferos MNCN_2001

Mono aullador pardo
Brown howler monkey
Alouatta fusca
Brasil
Colección de Mamíferos MNCN_2024

Tamarino
Tamarin
Saguinus sp.
Sudamérica
Colección de Mamíferos MNCN_2035

Tamarino de manto marrón
Brown-mantled tamarin
Saguinus fuscicollis
Alto Amazonas, Perú
Colección de Mamíferos MNCN_2075

1 y 2. Tamarino ensillado de dorso rojo
Red-mantled saddle-back tamarin
Leontocebus lagonotus

3. Tamarino de Graells
Graells's black-mantled tamarin
Saguinus graellsi
Francisco Díaz Carreño (1836-1903)
Expedición científica al Pacífico (1862-1866)
Archivo MNCN ACN110B/002/04704

1. Hembra de tití rojo
Red titi monkey
Callicebus discolor

2. Macho de mono ardilla
Black-capped squirrel monkey
Saimiri boliviensis
Francisco Díaz Carreño (1836-1903)
Expedición científica al Pacífico (1862-1866)
Archivo MNCN ACN110B/002/04702

Ocelote
Ocelot
Leopardus pardalis
Sudamérica
Colección de Mamíferos MNCN

Mariposas de las familias Riodinidae, Lycaenidae y Nymphalidae
Butterflies of the families Riodinidae, Lycaenidae & Nymphalidae
Lepidoptera
Amazonas
Amazon
Colección de Entomología MNCN

Escarabajos de Sudamérica
Beetles of South America
Coleoptera: Scarabaeidae y Cerambycidae
Colección de Entomología MNCN (Colección A. del Saz Fucho)

Real Expedición Botánica al Virreinato del Perú (1777-1788)
Tempera drawing on paper
Archivo Real Jardín Botánico
Nº Inv.: ARJB DIV IV 1663

Desmoncus sp.
Dibujo sobre papel. Tinta/acuarela/témpera
Isidro Gálvez
Real Expedición Botánica al Virreinato del Perú (1777-1788)
Drawing on paper. Ink/watercolor/tempera
Archivo Real Jardín Botánico
Nº Inv.: ARJB DIV.IV 1678

***Euterpe catinga* Wallace 1853**
Pliego de Herbario
Planta seca sobre papel
Herbarium specimen
Dry plant on paper
Herbario Real Jardín Botánico
Nº Inv.: MA-01-00492874

Mariposas de las familias Riodinidae, Lycaenidae y Nymphalidae
Butterflies of the families Riodinidae, Lycaenidae & Nymphalidae

Attalea nucifera
Dibujo témpera sobre papel
José Manuel Martínez
Real Expedición Botánica del Nuevo Reyno de Granada (1783-1816)
Tempera drawing on paper
Archivo Real Jardín Botánico
Nº Inv.: ARJB DIV III 644 A

Bactris pilosa
Dibujo témpera sobre papel
Anónimo
Real Expedición Botánica del Nuevo Reyno de Granada (1783-1816)
Tempera drawing on paper
Anonymous
Archivo Real Jardín Botánico
Nº Inv.: ARJB DIV III 648

Geonoma sp.
Dibujo témpera sobre papel
Anónimo
Real Expedición Botánica del Nuevo Reynode Granada (1783-1816)
Tempera drawing on paper
Anonymous
Archivo Real Jardín Botánico
Nº Inv.: ARJB DIV III 649

Iriartea deltoidea
Dibujo sobre papel Tinta/acuarela/témpera
Isidro Gálvez

Attalea nucifera

Iriartea deltoidea

Los habitantes del Amazonas y Río Negro / The Inhabitants of the Amazon and Rio Negro

Brazalete
Pelo de mono, fibra vegetal, pluma de pajuil, algodón
Grupo étnico Mundurucú
Área amazónica (Brasil)
Bracelet
Monkey hair, plant fiber, pajuil feather, cotton
Mundurucú ethnic group
Brazilian Amazon
Museo Nacional de Antropología
Nº Inv.: CE7279

Pendientes
Plumas, nácar, caña
Grupo étnico Karajá
Área amazónica (Brasil)
Earrings
Feathers, mother of pearl, cane
Brazilian Amazon
Museo Nacional de Antropología
Nº Inv.: CE7482 y CE7484

Delantal
Algodón, semilla
Grupo étnico Waimiri-atroari
Área amazónica (Brasil)
Apron
Cotton, seed

Waimiri-atroari ethnic group
Brazilian Amazon
Museo Nacional de Antropología
Nº Inv.: CE7558

Guirnalda
Fibra vegetal, pluma de tucán
Grupo étnico cubeo
Área amazónica (Brasil, Colombia)
Garland
Vegetal fiber, toucan feather
Cubeo ethnic group
Brazilian and Colombian Amazon
Museo Nacional de Antropología
Nº Inv.: CE7400

Maraca
Fibra vegetal, madera, corteza de fruto, pigmento, piedra
Grupo étnico cubeo
Área amazónica (Brasil, Colombia)
Maraca
Vegetal fiber, wood, fruit peel, pigment, stone
Cubeo ethnic group
Brazilian and Colombian Amazon
Museo Nacional de Antropología
Nº Inv.: CE7586 y CE7590

Collar
Colmillo de jaguar, algodón, fibra vegetal
Grupo étnico cubeo
Área amazónica (Brasil, Colombia)
Necklace
Jaguar's fang, cotton, vegetal fiber
Cubeo ethnic group
Brazilian and Colombian Amazon
Museo Nacional de Antropología
Nº Inv.: CE7599

Collar
Necklace

Flauta
Hueso, fibra vegetal
Grupo étnico cubeo
Área amazónica (Brasil, Colombia)
Flute
Bone, vegetal fiber
Cubeo ethnic group
Brazilian and Colombian Amazon
Museo Nacional de Antropología
Nº Inv.: CE7601

Delantal
Fibra vegetal, cuenta de vidrio
Grupo étnico cubeo
Área amazónica (Brasil, Colombia)

Apron
Vegetal fiber, glass bead
Cubeo ethnic group
Brazilian and Colombian Amazon
Museo Nacional de Antropología
Nº Inv.: CE7613

Carcaj
Resina o cera, fibra vegetal
Grupo étnico cubeo
Área amazónica (Brasil, Colombia)
Quiver
Resin or wax, vegetal fiber
Cubeo ethnic group
Brazilian and Colombian Amazon
Museo Nacional de Antropología
Nº Inv.: CE7682

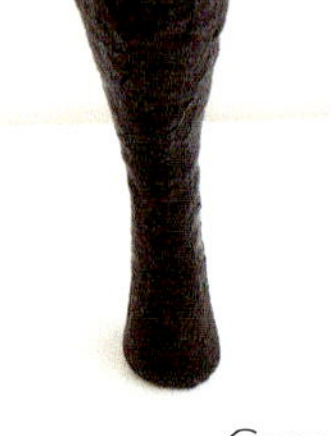

Carcaj
Quiver

Viaje al archipélago malayo / Journey to the Malay Archipelago (1854-1862)

Principales eventos / Fey Events

Especímenes de insectos del archipiélago malayo colectados por A. R. Wallace (1854-1862)
Insect specimens from the Malay Archipelago collected by A. R. Wallace (1854-1862)
Oxford University Museum of Natural History

Escarabajo joya tricolor colectado por A. R. Wallace en 1861
Tricolored Jewel Beetle collected by A. R. Wallace in 1861
Belionota sumptuosa
Coleoptera, Buprestidae
Seram, Indonesia
Oxford University Museum of Natural History

Ave del paraíso esmeralda chica
Lesser Bird-of-Paradise
Paradisaea minor
Nueva Guinea
Colección de Aves MNCN-A31264

Malcoha de Célebes
Yellow-billed Malkoha
Rhamphococcyx calyorhynchus
Sulawesi
Colección de Aves MNCN-A1704

Cálao grande de Célebes
Knobbed Hornbill
Rhyticeros cassidix
Sulawesi
Colección de Aves MNCN-A7465

Malcoha de Célebes
Yellow-billed Malkoha

Cálao grande de Célebes
Knobbed Hornbill

Ave del paraíso de Wallace
Standardwing Bird-of-Paradise

Loro ecléctico
Eclectus Parrot
Eclectus roratus
Nueva Guinea
Colección de Aves MNCN-A27971

Ave del paraíso de Wallace
Standardwing Bird-of-Paradise
Semioptera wallacii
Bacan, Indonesia
Colección de Aves MNCN-A4977

Ave del paraíso esmeralda grande
Greater Bird-of-Paradise
Paradisaea apoda
Nueva Guinea
Colección de Aves MNCN-A28024

Ave del paraíso goliazul
Magnificent Riflebird
Ptiloris magnificus
Nueva Guinea
Colección de Aves MNCN-A19795

Cálao rojizo norteño
Rufous hornbill
Buceros hydrocorax
Filipinas
Colección de Aves MNCN

Ave del paraíso roja
Red Bird-of-Paradise
Paradisaea rubra
Batanta, Indonesia
Pieles de estudio
Study skins
Colección de Aves
MNCN_A16083, A16085

Ave del paraíso esmeralda chica
Lesser Bird-of-Paradise
Paradisaea minor
Nueva Guinea
Piel de estudio
Study skin
Colección de Aves MNCN_A16266

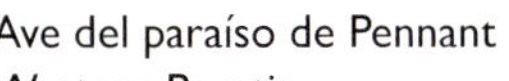

Ave del paraíso de Pennant
Western Parotia
Parotia sefilata
Nueva Guinea
Colección de Aves MNCN-A19796

Pitón de Birmania
Burmese Python
Python bivittatus
Asia
Colección de Herpetología MNCN 51629

Dragón de cola larga de Borneo
Green crested lizard
Bronchocela cristatella
Sudeste asiático
Colección de Herpetología MNCN 4982

Cálao rojizo norteño
Rufous hornbill

Pitón de Birmania
Burmese Python

Catálogo de piezas expuestas / Catalog of exhibited pieces

Eslizón del sol de Java
East Indian brown mabuya
Eutropis multifasciata
Asia
Colección de Herpetología MNCN 5822

Ave del paraíso real
King Bird-of-Paradise
Cicinnurus regius
H. Grahaine, 1705
Colección Johannes Le Francq Van Berkhey (1729-1812)
Archivo MNCN ACN100A/005/00554

Ave del paraíso esmeralda grande
Greater Bird-of-Paradise
Paradisaea apoda
Aguada y tinta sobre papel verjurado
Colección Johannes Le Francq Van Berkhey (1729-1812)
Archivo MNCN ACN110A/004/04253

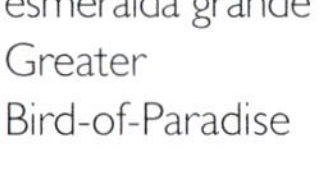
Ave del paraíso esmeralda grande
Greater Bird-of-Paradise

Ave del paraíso real
King Bird-of-Paradise
Cicinnurus regius
Aguada y tinta sobre papel verjurado
Colección Johannes Le Francq Van Berkhey (1729-1812)
Archivo MNCN ACN110A/005/04330

Ciervo ratón grande
Greater mouse deer
Tragulus napu
Sumatra, Indonesia
Colección de Mamíferos MNCN_5111

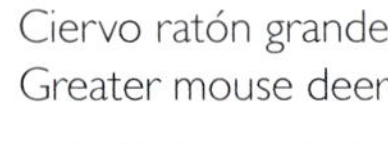
Ciervo ratón grande
Greater mouse deer

Pantera nebulosa
Clouded leopard
Neofelis nebulosa
Sudeste de Asia
Colección de Mamíferos MNCN

***Ornithoptera croesus* (Wallace 1859)**
Wallace's golden birdwing
Lepidoptera: Papilionidae

Trogonoptera brookiana (Wallace 1855)

Indonesia
Colección de Entomología MNCN

***Trogonoptera brookiana* (Wallace 1855)**
Rajah Brooke's birdwing
Lepidoptera: Papilionidae
Archipiélago Malayo
Malay Archipelago
Colección de Entomología MNCN

***Papilio pericles* (Wallace 1865)**
Lepidoptera: Papilionidae
Molucas
Maluku Islands
Colección de Entomología MNCN (colección E. Esteban Vallejo)

Escarabajos de la familia Cetoniidae descritas por A. R. Wallace
Beetles of the family Cetoniidae described by A. R. Wallace
Coleoptera
Archipiélago Malayo
Malay Archipelago
Colección de Entomología MNCN

Escarabajos del género *Eupholus*
Weevil beetles of the genus *Eupholus*

Escarabajos del género *Eupholus*
Weevil beetles of the genus *Eupholus*
Coleoptera: Curculionidae
Nueva Guinea y zonas adyacentes
New Guinea and adjacent islands
Colección de Entomología MNCN

Mariposas y polillas
Butterflies and moths
1. *Alcides orontes* (Uraniidae); 2. *Losaria* (Papilionidae); 3. *Euploea radamanthus* (Nymphalidae); 4. *Cocytia durvillii Boisduval* (Erebidae); 5. *Idea durvillei* (Nymphalidae); 6. *Attacus atlas* (Saturniidae); 7. *Papilio demolion* (Papilionidae); 8. *Kallima inachus* (Nymphalidae); 9. *Papilio gambrisius* (Papilionidae); 10. *Appias nero* (Pieridae); 11. *Papilio blumei* (Papilionidae); 12. *Graphium sarpedon* (Papilionidae); 13. *Episteme distincta* (Noctuidae); 14. *Lyssa zampa* (Uraniidae)
Archipiélago malayo
Malay Archipelago
Colección de Entomología MNCN

Kolowratia elegans
Dibujo sobre papel. Tinta/acuarela/témpera
Anónimo
Comisión de la Real Compañía de Filipinas Juan de Cuéllar (1785-1795)
Drawing on paper. Ink/watercolor/tempera
Anonymous
Archivo Real Jardín Botánico
Nº Inv.: ARJB DIV X 60 A

Artocarpus altilis
Hoja del árbol del pan
Dibujo sobre papel. Tinta/acuarela/témpera
Anónimo
Comisión de la Real Compañía de Filipinas Juan de Cuéllar (1785-1795)
Leaf of the bread tree
Drawing on paper. Ink/watercolor/tempera
Anonymous
Archivo Real Jardín Botánico
Nº Inv.: ARJB DIV X 40

Artocarpus altilis
Fruto del árbol del pan
Dibujo sobre papel. Tinta/acuarela/témpera
Anónimo
Comisión de la Real Compañía de Filipinas Juan de Cuéllar (1785-1795)
Fruit of the bread tree
Drawing on paper. Ink/watercolor/tempera
Anonymous
Archivo Real Jardín Botánico
Nº Inv.: ARJB DIV X 41

Citrus decumana
Dibujo sobre papel. Tinta/acuarela/témpera
Anónimo
Comisión de la Real Compañía de Filipinas Juan de Cuéllar (1785-1795)
Drawing on paper. Ink/watercolor/tempera
Anonymous
Archivo Real Jardín Botánico
Nº Inv.: ARJB DIV X 61 A

Uncaria rhychophylla
Dibujo sobre papel. Tinta/acuarela/témpera
Anónimo
Real Expedición Filantrópica de la Vacuna Expedición Balmis (1803-1810)
Drawing on paper. Ink/watercolor/tempera
Anonymous
Archivo Real Jardín Botánico
Nº Inv.: ARJB DIV XI 162

Kolowratia elegans

Artocarpus altilis

Citrus decumana

Catálogo de piezas expuestas / Catalog of exhibited pieces

Las poblaciones humanas del archipiélago malayo / The Human Populations of the Malay Archipelago

Cuchilla javanesa
Madera, metal
Sudeste asiático
Javanese blade
Wood, metal
Southeast Asia
Museo Nacional de Antropología
N° Inv.: CE1996/3/8

Recipiente
Corteza de calabaza, cuerda
Grupo étnico dayak/Kenyah
Indonesia/Sudeste asiático
Gourd
Pumpkin skin, rope
Dyak/Kenyah ethnic group
Indonesia/Southeast Asia
Museo Nacional de Antropología
N° Inv.: CE1997/1/29

Espátula
Madera
Grupo étnico dayak
Indonesia/Sudeste asiático
Spatule
Wood
Dyak ethnic group
Indonesia/Southeast Asia
Museo Nacional de Antropología
N° Inv.: CE1997/1/68

Colgador
Madera, hierro, caña de ratán
Grupo étnico dayak
Indonesia/Sudeste asiático
Hanger
Wood, iron, ratan wood
Dyak ethnic group
Indonesia/Southeast Asia
Museo Nacional de Antropología
N° Inv.: CE1997/1/75

Figura de madera
Grupo étnico dayak
Indonesia/Sudeste asiático
Wooden sculpture
Dyak ethnic group
Indonesia/Southeast Asia
Museo Nacional de Antropología
N° Inv.: CE1997/1/80

Gorro
Grupo étnico dayak
Indonesia/Sudeste asiático
Hat
Dyak ethnic group
Indonesia/Southeast Asia
Museo Nacional de Antropología
N° Inv.: CE1997/1/102

Collar
Semillas
Sudeste asiático
Necklace
Seeds
Southeast Asia
Museo Nacional de Antropología
N° Inv.: CE1997/1/131

Figura de madera
Sudeste asiático
Wooden sculpture
Southeast Asia
Museo Nacional de Antropología
N° Inv.: CE3784

Poste funerario
Madera, pigmento blanco
Grupo étnico Asmat
Melanesia/Oceanía
Funerary post
Wood, white pigment
Asmat ethnic group
Melanesia/Oceania
Museo Nacional de Antropología
N° Inv.: CE19195

Arco
Madera, fibra vegetal
Grupo étnico Asmat
Melanesia / Oceanía

Bow
Wood, vegetal fiber
Asmat ethnic group
Melanesia/Oceania
Museo Nacional de Antropología
Nº Inv.: CE19222

Flecha
Fibra vegetal, bambú, madera
Grupo étnico Asmat
Melanesia / Oceanía
Arrow
Vegetal fiber, bamboo, wood
Asmat ethnic group
Melanesia/Oceania
Museo Nacional de Antropología
Nº Inv.: CE19223

Wallace y la biogeografía moderna / Wallace's and Modern Biogeography

The geographical distribution of animals, with a study of the relations of living and extinct faunas as elucidating the past changes of the earth's surface
Wallace, Alfred Russel (1823-1913)
London: MacMillan, 1876
Vol. I (de dos)
Biblioteca MNCN 1-7094

Island life or the phenomena and causes of insular faunas and floras: Including a revision and attempted solution of the problem of geological climates
Wallace, Alfred Russel (1823-1913)
London: MacMillan, 1911
Biblioteca MNCN 1-10463

Mariposa atlas
Atlas moth
Attacus atlas
(Linnaeus, 1758)
Juan de Cuéllar (1739?-1801)
Archivo MNCN ACN110A/003/04149

La línea de Wallace en la exposición
Wallace's line at the exhibition

Al oeste de la línea de Wallace / West of Wallace's line

Mariposas (Lepidoptera) e insectos palo (Phasmida)
Butterflies (Lepidoptera) and stick insects (Phasmida)
Asia
Colección de Entomología MNCN

Faisán de Lady Amherst
Lady Amherst's Pheasant
Chrysolophus amherstiae
Asia
Colección de Aves MNCN-A7443

Alción de Esmirna
White-throated Kingfisher
Halcion smyrnensis
Borneo
Colección de Aves MNCN-A7435

Civeta enana
Small Indian civet
Viverricula indica
Java, Indonesia
Colección de Mamíferos MNCN_4211

Al este de la línea de Wallace / East of Wallace's line

Mariposas (Lepidoptera) e insectos palo (Phasmida)
Butterflies (Lepidoptera) and stick insects (Phasmida)
Oceanía
Colección de Entomología MNCN

Ornitorrinco
Platypus
Ornithorhynchus anatinus

Oceanía
Colección de Mamíferos MNCN_2701

Cacatúa galah
Galah
Eolophus roseicapilla
Australia
Colección de Aves MNCN-A7435

Lori arcoiris
Rainbow Lorikeet
Trichoglossus moluccanus
Islas Molucas, INDONESIA
Colección de Aves MNCN-A7270

Wallace y la evolución / Wallace and Evolution

The Malay Archipelago, the land of the orangutan and the bird of paradise: A narrative of travel with studies of man and nature
Wallace, Alfred Russel (1823-1913)
London: MacMillan, 18863
Biblioteca MNCN 1-1030

Darwinism: An exposition of the theory of natural selection with some of its applications
Wallace, Alfred Russel (1823-1913)
London: MacMillan, 1912
Biblioteca MNCN 1-5871

On the Origin of Species by means of Natural Selection or the Preservation of Favored Races in the Struggle for Life
Darwin, Charles
New York: D. Appleton and Company, 1885
Biblioteca Rafael Zardoya

Natural Theology
Paley, William (1743-1805)
Philadelphia, 1802
Biblioteca Rafael Zardoya

The Wisdom of God Manifested in the Works of Creation
Ray, John (1627-1705)
London, 1759
Biblioteca Rafael Zardoya

Natural selection and tropical nature: Essays on descriptive and theoretical biology
Wallace, Alfred Russel (1823-1913)
London: MacMillan, 1895
Biblioteca MNCN 1-5872

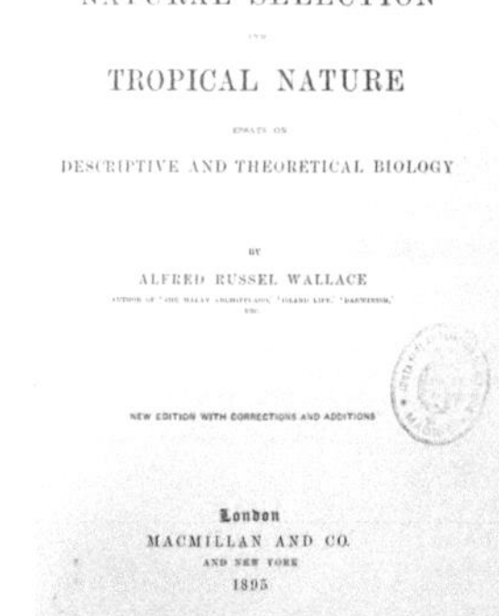
NATURAL SELECTION

TROPICAL NATURE

DESCRIPTIVE AND THEORETICAL BIOLOGY

BY

ALFRED RUSSEL WALLACE

NEW EDITION WITH CORRECTIONS AND ADDITIONS

London
MACMILLAN AND CO.
AND NEW YORK
1895

All rights reserved

Man's place in the universe: A study of the results of scientific research in relation to the unity or plurality of worlds

Wallace, Alfred Russel (1823-1913)
London: Chapman and Hall, 1904. 3rd ed.
Biblioteca MNCN 1-6125

Ensayo sobre el principio de la población
Thomas R. Malthus
Fondo de Cultura Económica, 1846. Buenos Aires
An essay on the Principle of Population
Thomas R. Malthus
Spanish edition
Biblioteca Residencia de Estudiantes
Signatura: PG8880

Principles of geology, or the modern changes of the earth and its inhabitants: considered as illustrative of geology
Lyell, Charles (1797-1875)
London: John Murray, 1850
Biblioteca MNCN 1-10455

Dimorfismo sexual en escarabajos
Sexual dimorphism in beetles
Coleoptera: Scarabaeoidea
Machos a la izquierda y hembras a la derecha
Males on the left, females on the right
Colección de Entomología MNCN

Gallito de las rocas peruano (macho y hembra)
Andean Cock-of-the-Rock (male and female)
Rupicola peruviana
Pieles de estudio
Study skins
Colección de Aves MNCN_A10443, A10438

Orangután
Orangutan
Pongo sp.
Aguada y tinta marrón sobre papel verjurado
Colección Johannes Le Francq Van Berkhey (1729-1812)
Archivo MNCN ACN100A/004/00363

Vestiges of the Natural History of Creation and other Evolutionary Writings
Chambers, Robert (1802-1871)
Edición facsimilar de Londres, 1844
(entonces como "anónima")
Chicago: University of Chicago Press, 1994
Biblioteca MNCN 6-7575

Alfred R. Wallace con el "espíritu de su madre"
Fotógrafo: Frederick A. Hudson
Tomada el 14 de marzo de 1874, en casa de Hudson y con Mrs. Guppy como medium.

Reproducción digital de una tarjeta de visita original perteneciente a la familia Wallace.
Copyright de la imagen digital: A. R. Wallace Memorial Fund & G. W. Beccaloni

Alfred R. Wallace with the "spirit of his mother"
Photographer: Frederick A. Hudson
Taken March 14, 1874, at Hudson's with Mrs. Guppy present as a medium.
Scan of an original carte de visite owned by the Wallace Family.
Copyright of digital image: A. R. Wallace Memorial Fund & G. W. Beccaloni

Cabeza frenológica
Phrenological head
Colección MNCN

El legado de Wallace / Wallace' legacy

Evolución y mendelismo: Crítica de la teoría de la evolución
Morgan, Thomas H. (1866-1945).
Traducción de Antonio de Zulueta
Madrid: Calpe, 1921
Biblioteca MNCN 1-7951

EVOLUCIÓN Y MENDELISMO
(CRÍTICA DE LA TEORÍA DE LA EVOLUCIÓN)
POR
THOMAS H. MORGAN
Profesor de Zoología experimental en «Columbia University»
TRADUCIDO DEL INGLÉS POR
ANTONIO DE ZULUETA
Profesor en el Museo Nacional de Ciencias Naturales
CALPE
MADRID
1921

PARA SABER MÁS / FURTHER READING

A Radical by Nature: The revolutionary life of Alfred Russel Wallace. James T. Costa. Princeton University Press, 2023.

Wallace. El explorador de la evolución. José Fonfría. Madrid: Nivola, 2019.

Alfred Russel Wallace. Juan Ramón Medina Precioso. Córdoba: Guadalmazán, 2021.

Viaje al archipiélago malayo. Alfred Russel Wallace: Barcelona, Laertes S.L., 2023.

INTERNET

Una narración de viajes por el Amazonas y el río Negro. Iquitos (Perú), http://www.iiap.org.pe/upload/publicacion/CDinvestigacion/iiap/iiap9/iiap9.htm#TopOfPage

The Alfred Russel Wallace Website, https://wallacefund.myspecies.info/

CRÉDITO DE ILUSTRACIONES / ILLUSTRATIONS CREDITS

Retrato al óleo de Wallace realizado por Victor Evstaf'ev /Portrait in oils by Victor Evstaf'ev of Wallace. Copyright of digital image: A. R. Wallace Memorial Fund & G. W. Beccaloni, pág. 2

Monos del Amazonas (vitrina de la exposición) / Monkeys of the Amazon (exhibition showcase). Colección de Mamíferos del MNCN. Foto / Photo: José María Cazcarra MNCN, págs. 8-9

Alfred Russel Wallace, c.1895. Copyright of digital image: A. R. Wallace Memorial Fund & G. W. Beccaloni, pág. 10

Mary Anne and Thomas Vere Wallace, padres de Alfred / Mary Anne and Thomas Vere Wallace, Alfred's parents Copyright of digital image: A. R. Wallace Memorial Fund & G. W. Beccaloni, pág. 12

Wallace en 1847 / Wallace in 1847. Copyright of digital image: A. R. Wallace Memorial Fund & G. W. Beccaloni, pág, 12

Cámara fotográfica de fuelle / Folding camera. Siglo XIX © Museo Nacional de Ciencias Naturales, pág. 13

A. R. Wallace, su hermana y su madre en 1853 / A. R. Wallace, his sister and mother in 1853. Copyright of digital image: A. R. Wallace Memorial Fund & G. W. Beccaloni, pág. 13

Casa de Wallace en Waigeo, ilustración de *El archipiélago malayo* / Wallace's home in Waigiu, from T*he Malay Archipelago*, 1886. Foto/Photo: José Mª Cazcarra, MNCN, pág. 14

Old Orchard, casa de Wallace por Alfred R. Wallace Memorial Fund / Old Orchard, Wallace's house by Alfred R. Wallace Memorial Fund, pág. 14

El naturalista inglés Alfred Russel Wallace, Copyright de la imagen digital: National Portrait Gallery, Londres /British naturalist Alfred Russel Wallace, Copyright of digital image: National Portrait Gallery, London, pág. 15

Charles Darwin, 1875. Foto: AP Photo, File / Gtres, pág. 16

HMS Beagle. Reproducción de la ilustración de R. T. Pritchett (1890) / *HMS Beagle*. Illustration by R. T. Pritchett, pág 17

Down House, casa de Darwin / Down House, Darwin's home. Wikimedia Commons, pág. 17

Selva amazónica / Amazon jungle. © José María Fernández Díaz-Formentí, pág. 18

Mapa del río Amazonas y norte de Sudamérica, publicado en *A Narrative of Travels on the Amazon and Rio Negro with an Account of the Native Tribes*, 1889 / Map of the River Amazon and the Northern part of South America from *A Narrative of Travels on the Amazon and Rio Negro with an Account of the Native Tribes*, 1889. Foto / Photo: José Mª Cazcarra, MNCN, pág. 20

Carta de Alfred R. Wallace a H. W. Bates, 11 de octubre, 1847. WCP348-L348. Digital image, G. Beccaloni & A.R. Wallace Memorial Fund, pág. 21

Alexander von Humboldt, pintado por Joseph K. Stieler, 1843 / Alexander von Humboldt by Joseph K. Stieler, 1843, pág. 22

Samuel Stevens. Wikimedia Commons, pág. 22

En el Río Negro, ilustración de *A Narrative of Travels on the Amazon and Rio Negro with an Account of the Native Tribes*, 1889 / On the Rio Negro from *A Narrative of Travels on the Amazon and Rio Negro with an Account of the Native Tribes*, 1889. Foto/Photo: José Mª Cazcarra, MNCN, pág. 22

Capilla en Nazaré, cerca de Pará, ilustración de *A narrative of Travels on the Amazon and Rio Negro*/Chapel at Nazaré near Para from *A narrative of Travels on the Amazon and Rio Negro*, 1889. Foto / Photo: José Mª Cazcarra, MNCN, pág. 23

Henry Walter Bates. from cabinet card. Copyright George Beccaloni, pág. 23

Escarabajos de Sudamérica/ Beetles of South America. Foto/Photo: Mercedes París, MNCN, pág. 24

Sobre los monos del Amazonas. Artículo publicado por A. R. Wallace/ *On the Monkeys of the Amazon*. Article published by A. R. Wallace. *Zoological Society of London*, 1852, Foto / Photo: Wallace Online, pág. 24

Diferentes especies del género *Alouatta* (mono aullador) / Six different specimen of the genus Alouatta (howler monkey). Wellcome V0020919ER, pág. 24

Joseph Dalton Hooker, 1860s. Foto / Photo: H. J. Whitlock. Dominio público / Public domain, pág. 25

Richard Spruce por Alfred Russel Wallace Memorial Fund /by Alfred Russel Wallace Memorial Fund, pág. 25

Cephalopterus penduliger. Pájaro paraguas longipéndulo por J. Wolf /Long-wattled Umbrellabird by J. Wolf. Dominio público / Public domain, pág. 26

Doras dibujado por Wallace/*Doras* by Wallace. ©A. R. Wallace Literary Estate Image credit: ©Trustees of The Natural History Museum, pág. 27

Mapas del Río Negro y río Vaupés por Alfred R. Wallace/Maps of the Rio Negro and the River Uaupés by Alfred R. Wallace, *Journal of the Royal Geographical Society*. London, 1853, pág. 27

Palmeras del Amazonas y sus usos por Alfred Russel Wallace / *Palm Trees of the Amazon and their uses* by Alfred Russel Wallace. London 1853, pág. 28

Leopoldina pulchra / Ilustración en *Palmeras del Amazonas*/ Illustration from *Palm Trees of the Amazon*, pág. 28

Desmoncus sp. ©Archivo Real Jardín Botánico (CSIC), pág. 29

Figuras en las rocas de granito del río Vaupés, ilustración de *A Narrative of Travels on the Amazon and Rio Negro with an Account of the Native Tribes*, 1889 / Figures on the granite rocks of the river Uaupés from *A Narrative of Travels on the Amazon and Rio Negro with an Account of the Native Tribes*, 1889. Foto / Photo: José Mª Cazcarra, MNCN, pág. 30

Utensilios indios y artículos domésticos, ilustración de *A Narrative of Travels on the Amazon and Rio Negro with an Account of the Native Tribes*, 1889 / Indian implements and domestic articles from *A Narrative of Travels on the Amazon and Rio Negro with an Account of the Native Tribes*, 1889. Foto / Photo: José Mª Cazcarra, MNCN, pág. 30

Aldea en Río Negro, ilustración de *A Narrative of Travels on the Amazon and Rio Negro with an Account of the Native Tribes*, 1889 / An indian village on the Rio Negro, from *A Narrative of Travels on the Amazon and Rio Negro with an Account of the Native Tribes*, 1889. Foto/Photo: José Mª Cazcarra, MNCN, pág. 31

Guirnalda / Garland. Museo Nacional de Antropología. Foto / Photo: Patricia Alonso Pajuelo, pág. 32

Maraca / Maraca. Museo Nacional de Antropología. Foto / Photo: Patricia Alonso Pajuelo, pág. 32

El incendio del *Helen* / The brig *Helen* on fire. In W.H.G. Kingston. 1875, *Shipwrecks and Disasters at Sea*, pág. 33

El hundimiento del *Helen* de Pablo Echevarría / The sinking of the *Helenn* by Pablo Echevarría. Foto/Photo: José Mª Cazcarra, MNCN, pág. 33

Ejemplares de peces que dibujó Wallace / Specimens of fish that Wallace drew. Foto / Photo: Gema Solís, MNCN, pág. 34

Peces dibujados por Wallace / Fishes drawn by Wallace. Copyright owner: ©A. R. Wallace Literary Estate

Image credit: ©Trustees of The Natural History Museum, pág. 34

1. *Synbranchus marmoratus*, pág. 34
2. *Anostomus taeniatus*, pág. 35
3. *Crenicichla*, pág. 35
4 . *Xiphorhamphus ferox*, pág. 35
5. *Sternopygus*, pág. 35

Carta de Wallace a Spruce, 19 de septiembre 1852. WCP349_L349. Digital image, G. Beccaloni & A.R. Wallace Memorial Fund, pág. 37

Ave del paraíso de Wallace / Standardwing Bird of Paradise. ©Tim Laman, págs. 38-39

Mapa de las rutas de Wallace tomadas de *El Archipiélago malayo*. / Map of Wallace's route taken from *The Malay Archipelago*, págs. 40-41

Ave del paraíso real / King Bird-of-Paradise. ©Archivo MNCN, pág. 42

Portada de *El archipiélago malayo: la tierra del orangután y el ave del paraíso* por Alfred Russell Wallace / Title page of *The Malay Archipelago: The Land of the Orang-Utan and the Bird of Paradise* by Alfred Russel Wallace. London: Macmillan and Co. and New York, 1886. Foto/Photo: José Mª Cazcarra, MNCN, pág. 42

Nativos de Aru cazando aves del paraíso, ilustración de *El archipiélago malayo* / Natives of Aru hunting the great bird of Paradise, from *The Malay Archipelago*, 1886. Foto/Photo: José Mª Cazcarra, MNCN, pág. 42

Mariposas y polillas / Butterflies and moths. Foto/Photo: Mercedes París, MNCN, pág. 43

Orangután / Orangutan. *Pongo*. ©Tim Laman, págs. 43-44

Expulsando a un intruso, ilustración de *El archipiélago malayo* / Ejecting an intruder from *The Malay Archiplelago*, 1886. Foto / Photo: José Mª Cazcarra, MNCN, pág. 46

Alí, el respetado y leal asistente de Wallace en el archipiélago malayo / Ali, Wallace's respected and trusted assistant. Copyright of digital image: A. R. Wallace Memorial Fund & G.W. Becalonni, pág. 46

Indígenas de Timor (de una fotografía), ilustración de *El archipiélago malayo* / Timor men (From a photograph) from *The Malay Archiplelago*, 1886. Foto / Photo: José Mª Cazcarra, MNCN, pág. 47

Cálao rinoceronte por Wallace / Rhinoceros hornbill of Borneo by Wallace / *Buceros rhinoceros*. Copyright of digital image: A. R. Wallace Memorial Fund & G.W. Becalonni, pág. 48

Escarabajos de la familia Cetoniidae descritas por A. R. Wallace / Beetles of the family Cetoniidae described by A. R. Wallace. Foto/ Photo: Mercedes París, MNCN, pág. 49

Portada de *El origen de las especies por medio de la selección natural o la preservación de las razas en la lucha por la existencia* por Charles Darwin / Title page of *On the Origin of Species by Means of Natural Selection, or the Preservation of Favoured Races in the Struggle for Life* by Charles Darwin. London, John Murray, 1859. Dominio público / Public domain, pág. 49

Orquídea de Sadong, Sarawak. Dibujo de A. R. Wallace / Orchid from Sadong, Sarawak by A. R. Wallace. Copyright of digital image: A. R. Wallace Memorial Fund & G.W. Becalonni, pág. 49

Ave del paraíso roja / Red Bird of Paradise. ©Tim Laman, pág. 50

Ave del paraíso de Pennant / Western Parotia *Parotia sefilata*. Foto / Photo: José Mª Cazcarra, MNCN, pág. 51

Cráneo de babirusa, ilustración de *El archipiélago malayo* /Skull of babirusa from T*he Malay Archiplelago*, 1886. Babyrousa babyrussa. Foto/Photo: José Mª Cazcarra, MNCN, pág. 50

Wallace y F. F. Geach en Singapur en 1862 / Wallace and F. F. Geach in Singapore in 1862. Copyright of digital image: A. R. Wallace Memorial Fund & G.W. Becalonni, pág. 51

Ornithoptera croesus. Foto/ Photo: Mercedes París, MNCN, pág. 52

Escarabajo joya tricolor / Tri-colored Jewel Beetle. *Belionota sumptuosa*. Foto / Photo: Mercedes París, MNCN, pág. 53

Escarabajo joya tricolor / Tri-colored Jewel Beetle. *Belionota sumptuosa*. Fotografía macro / Macro photography. © Levon Biss, pág. 53

Especímenes de insectos colectados por Wallace en el archipiélago malayo. Colección de Entomología del Museo de Historia Natural de Oxford / Insect specimens collected by Alfred R. Wallace in the Malay Archipelago / Entomology Collection at Oxford University Museum of Natural History. Foto / Photo: Mercedes París, MNCN, pág. 54-55

Distribución geográfica de las razas humanas / Geographical distribution of the Races of Men. Charles Pickering, 1854. Colaborador / Contributor: Florilegius / Alamy Stock Photo, pág. 56

Orangután atacado por dayaks, ilustración de *El archipiélago malayo* / Orang Utan attacked by Dyaks from *The Malay Archipelago*, 1886. Foto / Photo: José Mª Cazcarra, MNCN, pág. 57

Retrato de un joven dayak, ilustración de *El archipiélago malayo* / Portrait of a Young Dyak, from *The Malay Archipelago*, 1886. Foto / Photo: José Mª Cazcarra, MNCN, pág. 57

Dobo, en temporada comercial, ilustración de *El archipiélago malayo* / Dobbo, the trading season from *The Malay Archipelago*, 1886. Foto / Photo: José Mª Cazcarra, MNCN, pág. 58

Papú, Nueva Guinea, ilustración de *El archipiélago malayo* / Papuan, New Guinea from *The Malay Archipelago*, 1886. Foto / Photo: José Mª Cazcarra, MNCN, pág. 58

Figura de madera. Cultura dayak / Wooden sculpture. Dayak culture. Museo Nacional de Antropología. Foto /Photo: Irene Juanes Gil, pág. 59

Poste funerario. Cultura asmat /Funerary post. Asmat culture Museo Nacional de Antropología. Fotografía: Arantxa Boyero Lirón, pág. 59

Escarabajo *Eupholus* sp./Beetle *Eupholus*. © Tim Laman, pág. 60

Cubierta del libro *La distribución geográfica de los animales* por Alfred R. Wallace, 1876 / Title page of the book *The Geographical Distribution of Animals* by Alfred R. Wallace, 1876. Foto / Photo: José Mª Cazcarra, MNCN, pág. 62

Las seis zooregiones reconocidas por Wallace, mapa de *The geographical distribution of animals, with a study of the relations of living and extinct faunas as elucidating the past changes of the earth's Surface* / The six zooregions recognized by Wallace from *The geographical distribution of animals, with a study of the relations of living and extinct faunas as elucidating the past changes of the earth's Surface*, 1876. Foto/ Photo: José Mª Cazcarra, MNCN, pág. 64

Figura modificada del trabajo de Holt y colaboradores (2013) Science / Figure modified from the work by Holt and colleagues (2013) in *Science*, pág. 65

Llanuras de Nuevo Gales del Sur con animales característicos, ilustración en *The Geographical Distribution of Animals*/ The planes of New South Wales with characteristic animals from T*he Geographical Distribution of Animals*. Foto / Photo: José Mª Cazcarra, MNCN, pág. 67

Bosque brasileño con mamíferos característicos ilustración en *The Geographical Distribution of Animals* / A Brazilian forest with charasteristic Mammalia from *The Geographical Distribution of Animals*. Foto / Photo: José Mª Cazcarra, MNCN, pág. 66

Alpes de Europa central con animales característicos, ilustración en *The Geographical Distribution of Animals* /The Alpes of Central Europe with characteristic animals from *The Geographical Distribution of Animals*, 1876. Foto/Photo: José Mª Cazcarra, MNCN, págs. 66-67

Escena en el oeste de África con animales característicos, ilustración en *The Geographical Distribution of Animals* / Scene in West Africa with characteristic animals from *The Geographical Distribution of Animals*. Foto / Photo: José Mª Cazcarra, MNCN, pág. 67

Bosque de Borneo con mamíferos característicos, ilustración en *The Geographical Distribution of Animals* / A Forest in Borneo with characteristic animals from *The Geographical Distribution of Animals*. Foto / Photo: José Mª Cazcarra, MNCN, pág. 67

Praderas americanas con mamíferos característicos, ilustración en *The Geographical Distribution of Animals* / The American Prairies, with characteristic Mammalia from *The Geographical Distribution of Animals*. Foto / Photo: José Mª Cazcarra, MNCN, pág. 66

Mapa del archipiélago malayo realizado por Wallace / Map of the Malay Archipelago by Wallace. Fuente / Source: On the Physical Geography of the Malay Archipelago, *The Journal of the Royal Geographical Society of London*, 1863. Dominio público/Public domain, pág. 68

La profunda fosa marina que separa Bali y Lombok explica que al bajar el nivel del mar durante las glaciaciones, ambas islas permanecieran separadas por un canal de agua marina, manteniendo separadas las faunas de Asia y Oceanía en las islas Sunda / Due to the deep marine trench between Bali and Lombok, both islands remained separated by a channel of seawater when sea level dropped during glacial periods, keeping the faunas of Asia and Oceania separate along the Sunda Islands, pág. 69

A) Líneas propuestas entre 1845 y 1880, B) Líneas propuestas entre 1887 y 1944, C) Líneas propuestas desde finales del siglo XX hasta la actualidad. Gráficos basados en el trabajo Jason R. Ali & Lawrence R. Heaney (2021) *Biological Reviews* / Graphics based on the work by Jason R. Ali & Lawrence R. Heaney (2021) *Biological Reviews*, pág. 70

Mariposas (Lepidoptera) e insectos palo (Phasmida) / Butterflies (Lepidoptera) and stick insects (Phasmida) Asia (al oeste de la Línea de Wallace). Foto / Photo: Mercedes París, MNCN, pág. 71

Mariposas (Lepidoptera) e insectos palo (Phasmida) / Butterflies (Lepidoptera) and stick insects (Phasmida). Oceanía

(al este de la Línea de Wallace). Foto / Photo: Mercedes París, MNCN, pág. 71

Sala inmersiva / Immersive room. Foto / Photo: José Mª Cazcarra, MNCN, pág. 72

Aeschynanthus de Sarawak / *Aeschynanthus* from Sarawak. Copyright of digital image A. R. Wallace Memorial Fund & G. W. Beccaloni, pág. 75

Sobre la ley que ha regulado la introducción de nuevas especies / On the Law which has regulated the Introduction of New Species. Alfred Russel Wallace. *Annals and Magazine of Natural History*, 1855. Foto / Photo: The Natural History Museum. London, United Kingdom, pág. 76

Rana voladora de Sarawak / Flying frog from Sarawak. Copyright of digital image: A. R. Wallace Memorial Fund & G. W. Beccaloni, pág. 77

Sobre la tendencia de las especies a formar variedades, y de la perpetuación de variedades y especies por medios naturales de selección de Charles Darwin & Alfred Wallace. *Revista de la Sociedad Linneana* el 20 de agosto de 1858 / *On the Tendency of Species to form Varieties; and on the Perpetuation of Varieties and Species by Natural Means of Selection* of Charles Darwin & Alfred Wallace. Published on the Journal of the Proceedings of te Linnean Society on 20 August de 1858. Copyright of digital image: A. R. Wallace Memorial Fund & G. W. Beccaloni, pág. 78

Salón de Actos de la *Linnean Society* / *Linnean Society* Assembly Hall. Foto / Photo: Linnean Society, pág. 79

Isla de Ternate / Ternate Island. Rappard. 1883. Copyright of digital image: A. R. Wallace Memorial Fund & G. W. Beccaloni, págs. 80-81

Charles Darwin (1809–1882), con Sir Charles Lyell (1797–1875), y Joseph D. Hooker (1817–1911). Charles Darwin (1809–1882), with Sir Charles Lyell (1797–1875), and Joseph D. Hooker (1817–1911). Victor Evstaf'ev (1916–1989). Credit: Historic England Archive, pág. 82

Carta de Wallace a Hooker. *Ternate, Moluccas, 6 oct. 1858* / Letter from Wallace to Hooker, *Ternate, Molucas, Oct. 6. 1858.* WCP1454_L123. Copyright of digital image: A. R. Wallace Memorial Fund & G.W. Becalonni, págs. 83-85

Thomas Henry Huxley. Copyright of digital image: A. R. Wallace Memorial Fund & G.W. Becalonni, pág. 86

Wallace con su hijo Bertie / Wallace and his son Bertie. Copyright of digital image: A. R. Wallace Memorial Fund & G.W. Becalonni, pág. 86

Wallace y su mujer Annie / Wallace an his wife Annie. Copyright of digital image: A. R. Wallace Memorial Fund & G.W. Becalonni, pág. 87

Despacho de Wallace en Old Orchard, Broadstone, Dorset / Wallace's study in Old Orchard. Copyright of digital image: A. R. Wallace Memorial Fund & G.W. Becalonni, pág. 87

Portada de *El origen de las especies* de Charles Darwin. Londres, 1859 / Title page of *The Origin of Species* by Charles Darwin. London, 1859. Public domain, pág. 88

Portada del libro *Darwinism* de Alfred Russel Wallace. Londres, 1912 / Title page of the book *Darwinism* by Alfred Russell Wallace. London, 1912. Foto / Photo: José Mª Cazcarra, pág. 89

Dedicatoria de Wallace a Darwin en *El archipiélago malayo* / Wallace's dedication to Darwin in his book *The Malay Archipelago*. Foto/Photo: José Mª Cazcarra, pág. 89

Mariposa búho / Owl butterfly. ©Archivo MNCN, pág. 90

Nota de Darwin a Wallace, para consultarle su opinión sobre el color llamativo de las orugas de algunas mariposas. *Feb. 23, 1867* / Note from Darwin to Wallace to ask for his opinión on the conspicuous coloration of the caterpillars of some butterflies. *Feb. 23*, 1867. WCP609_L609. Copyright of digital image: A. R. Wallace Memorial Fund & G.W. Becalonni, págs. 92-93

Ensayo sobre el principio de la población. Thomas R. Malthus / *An essay on the Principle of Population.* Thomas R. Malthus (Spanish edition). Foto / Photo: José Mª Cazcarra, MNCN, pág. 94

Principles of geology, or the modern changes of the earth and its inhabitants: considered as illustrative of geology. Lyell, Charles (1797-1875). Foto / Photo José Mª Cazcarra, MNCN, pág. 94

Mariposas del género *Heliconius* / Butterflies of the genus Heliconius. Foto / Photo: Mercedes París, MNCN, pág. 95

Contrasted Sexual Colours. Colección personal de insectos de Wallace / Wallace's personal insect collection. Copyrigth of the digital image: G. Beccaloni & A.R. Wallace Memorial Fund, pág. 98

Dimorfismo sexual en escarabajos. Machos a la izquierda y hembras a la derecha / Sexual dimorphism in beetles. Males on the left, females on the right. Foto / Photo: Mercedes París, MNCN, pág. 99

Convergencias y divergencias entre Darwin y Wallace (vitrina de la exposición) / Commonalities and differences between Darwin and Wallace on the theory of evolution (exhibition showcase). Foto / Photo: MNCN, págs. 100-101

Frontispicio del libro *Evidence as to man's place in Nature* de Thomas Henry Huxley, 1863 / Frontispiece of Evidence as to man's place in Nature by Thomas Henry Huxley, 1863. Wikimedia Commons, pág. 101

Man's place in the universe: A study of the results of scientific research in relation to the unity or plurality of worlds.

Wallace, Alfred Russel (1823-1913). Foto/ Photo: José Mª Cazcarra, MNCN, pág. 102

Orangután / Orangutan. *Pongo* sp. ©Archivo MNCN, pág. 102

Dimorfismo sexual en el saltarín azul (*Chiroxiphia caudata*), ilustración de Swainson en *A selection of the birds of Brazil and Mexico*, 1841 / Sexual dimorphism in the Swallow-tailed Manakin (*Chiroxiphia caudata*) by Swainson in *A selection of the birds of Brazil and Mexico*, 1841, pág. 103

Alfred R. Wallace con el "espíritu de su madre" / Alfred R. Wallace with the "spirit of his mother". Fotógrafo / Photographer: Frederick A. Hudson. Copyright de la imagen digital: A. R. Wallace Memorial Fund & G. W. Beccaloni, pág. 104

Cabeza frenológica / Phrenological head. Foto / Photo: José Mª Cazcarra, MNCN, pág. 105

Homenaje a Wallace tras su fallecimiento del periódico *The Graphic*, 15 de noviembre, 1913 / Tribute to Wallace from *The Graphic*, November 15, 1913. Copyright of digital image: A. R. Wallace Memorial Fund & G. W. Beccaloni, pág. 106

Orden del Mérito del Reino Unido / Order of Merit from the British monarch (1908). Copyright of digital image: A. R. Wallace Memorial Fund & G. W. Beccaloni, pág. 108

Medalla Copley / Copley Medal (1908). Copyright of digital image: A. R. Wallace Memorial Fund & G. W. Beccaloni, pág. 109

Medalla Darwin-Wallace / Darwin-Wallace Medal. Copyright of digital image: A. R. Wallace Memorial Fund & G. W. Beccaloni, pág. 109

Medalla de Oro de la *Linnean Society* / Gold Medal of the *Linnean Society* (1892). Copyright of digital image: A. R. Wallace Memorial Fund & G. W. Beccaloni, pág. 109

Medalla de Oro de la *Royal Geographical Society* / Gold *Medal of the Royal Geographical Society*. Copyright of digital image: A. R. Wallace Memorial Fund & G. W Beccaloni, pág. 109

Thomas Hunt Morgan (1866-1945). Foto / Photo: Dominio público/Public domain, pág. 110

John Burdon Sanderson Haldane (1892-1964), Foto / Photo: Dominio público / Public domain, pág. 110

Theodosius Dobzhansky (1900-1975). Foto / Photo: Dominio público/Public domain, pág. 110

George Gaylord Simpson (1902-1984). Foto / Photo: Dominio público/Public domain, pág. 110

Ernst Mayr (1904-2005). Foto / Photo: University of Konstanz, pág. 110

Evolución y mendelismo: Crítica de la teoría de la evolución. Morgan, Thomas H. Foto / Photo: José Mª Cazcarra, MNCN, pág. 110

Nota en la que se comunica a Wallace que la *Royal Society of London* le otorga la Medalla Darwin en 1890. *6 de nov., 1890* / Note informing Wallace that the Royal Society of London awarded him the Darwin Medal in 1890. *Nov. 6, 1890*. Copyright of digital image: A. R. Wallace Memorial Fund & G. W. Beccaloni, pág. 111

Microscopio simple Verick / Simple Verick Microscope. ©MNCN, pág.118

Zopilote rey / King vulture. Foto / Photo: Soraya Peña de Camus, MNCN, pág. 118

Cotingas. Foto/ Photo: ©MNCN, pág. 118

Serpientes amazónicas/Amazon snakes. Foto/Photo: José Mª Cazcarra, MNCN, pág. 119

Anguila eléctrica o temblón / Electric eel. ©Archivo MNCN, pág. 119

Mono araña / Spider monkey. Foto / Photo: José Mª Cazcarra, pág. 120

Monos amazónicos / Monkeys from the Amazon. Foto/Photo José Mª Cazcarra, MNCN, pág. 120

Mariposas de las familias Riodinidae, Lycaenidae y Nymphalidae / Butterflies of the families Riodinidae, Lycaenidae & Nymphalidae. Foto/Photo: Mercedes París, MNCN, pág. 121

Attalea nucifera. ©Archivo Real Jardín Botánico, pág. 121

Iriartea deltoidea. ©Archivo Real Jardín Botánico, pág. 121

Collar / Necklace. Museo Nacional de Antropología. Foto / Photo: Patricia Alonso Pajuelo, pág. 122

Carcaj / Quiver. Museo Nacional de Antropología. Foto / Photo: Patricia Alonso Pajuelo, pág. 122

Malcoha de Célebes / Yellow-billed. Malkoha. Foto / Photo: José Mª Cazcarra, MNCN, pág. 122

Cálao grande de Célebes / Knobbed. Hornbill. Foto / Photo: José Mª Cazcarra, MNCN, pág. 123

Ave del paraíso de Wallace / Standard-wing Bird-of-Paradise. Foto / Photo: José Mª Cazcarra, MNCN, pág. 123

Cálao rojizo norteño / Rufous hornbill. Foto / Photo: José Mª Cazcarra, MNCN, pág. 123

Pitón de Birmania / Burmese Python. Foto / Photo: José Mª Cazcarra, MNCN, pág. 123

Ave del paraíso esmeralda grande / Greater Bird-of-Paradise. © Archivo MNCN, pág. 124

Ciervo ratón grande / Greater mouse deer. *Tragulus napu*. Foto / Photo: José Mª Cazcarra, MNCN, pág. 124

Trogonoptera brookiana (Wallace 1855 / Rajah Brooke's birdwing. Foto / Photo: Mercedes París, MNCN, pág. 124

Escarabajos del género *Eupholus* / Weevil beetles of the genus *Eupholus*. Foto / Photo: Mercedes París, MNCN, pág. 125

Kolowratia elegans. ©Archivo Real Jardín Botánico, pág. 125

Artocarpus altilis. ©Archivo Real Jardín Botánico, pág. 125

Citrus decumana. ©Archivo Real Jardín Botánico, pág. 125

Cuchilla javanesa / Javanese blade. Museo Nacional de Antropología. Foto / Photo: Irene Juanes Gil, pág. 126

Espátula /Spatule. Museo Nacional de Antropología. Foto / Photo: Arantxa Boyero Lirón, pág. 126

Mariposa atlas / Atlas moth. ©Archivo MNCN, pág. 127

La línea de Wallace en la exposición / Wallace's line at the exhibition. Foto /Photo: José Mª Cazcarra, MNCN, pág. 127

Natural selection and tropical nature: *Essays on descriptive and theoretical biology*. Foto/Photo: José Mª Cazcarra, MNCN, pág. 128

Evolución y mendelismo: Crítica de la teoría de la evolución. Foto / Photo: José Mª Cazcarra, MNCN, pág.129